知乎

有 问 题　就 会 有 答 案

爆发式成长

个人突围的14个底层逻辑

李栩然 著

台海出版社

图书在版编目（CIP）数据

爆发式成长：个人突围的 14 个底层逻辑 / 李栩然著
. — 北京：台海出版社，2022.8（2023.12 重印）
ISBN 978-7-5168-3353-7

Ⅰ.①爆… Ⅱ.①李… Ⅲ.成功心理—通俗读物
Ⅳ.① B848.4-49

中国版本图书馆 CIP 数据核字 (2022) 第 132724 号

爆发式成长：个人突围的 14 个底层逻辑

著　　者：李栩然

出 版 人：蔡　旭　　　　　　　　　　封面设计：周宴冰
责任编辑：吕　莺

出版发行：台海出版社
地　　址：北京市东城区景山东街 20 号　邮政编码：100009
电　　话：010-64041652（发行、邮购）
传　　真：010-84045799（总编室）
网　　址：www.taimeng.org.cn/thcbs/default.htm
E - m a i l：thcbs@126.com

经　　销：全国各地新华书店
印　　刷：三河市兴博印务有限公司
本书如有破损、缺页、装订错误，请与本社联系调换

开　　本：889 毫米 ×1194 毫米　　　1/16
字　　数：300 千字　　　　　　　　印　张：23
版　　次：2022 年 8 月第 1 版　　　印　次：2023 年 12 月第 4 次印刷
书　　号：ISBN 978-7-5168-3353-7

定　　价：69.80 元

成年人的每一次爆发式成长，背后都有厚积薄发的酝酿

OI

除了各种有关职场、成长和思维类书籍之外，我其实很喜欢看历史书。

而我在看历史书的时候，发现了一个非常奇怪的现象：很多白手起家的古代帝王，手底下往往有一大批极为优秀的人才。比如古代皇帝刘邦、朱元璋，他们的手下可谓猛将如云、谋臣如雨。

然后，我就会自然地想到另一个问题：刘邦这样的人，是从哪里找来那么多"牛人"和他一起打天下的？

比如：樊哙，是江苏沛县（古时称沛）的屠夫；夏侯婴，是县里的马车夫；萧何，是沛县的县吏。

一个小小的沛县，怎么会有这么多人才？

后来的朱元璋也是这样。明朝的开国将领徐达是农民，常遇春是农民，其他将领有很多也是与朱元璋同乡的农民。

不久之后，这些普通人掌握了一个时代、一个国家的命运。为何他

们的崛起如此迅速？

因为，人是会成长的。

这些快速逆袭的人，在三四年的时间里飞速成长起来，或成为指挥若定的将军，或成为掌控时代的风云人物。

历史上的这些真实故事告诉我，人是真的可以逆袭的。

不是说你家庭不好、学历不高、处于低谷，你就永无翻身之日。

只要策略得当、谋定后动，在一段时间的行动后，你可能就会打个翻身仗。

我还从历史中发现了另一个至关重要的点：

成长不都是匀速的，那些厉害的人的成长曲线一定是呈指数式上升的，至少在某个阶段是快速发展的。

在这些年大为火爆的小说《三体》中，曾提到一个"技术爆炸"的概念，认为人类历史上的科技不是匀速发展的，而是在短时间内获得极大突破，比如第一次工业革命和第二次工业革命。

人的一生其实也一样。

总有一些人，在别人看不到的地方悄悄做着改变，在很长一段时间里，孤独地翻山越岭。

但经过一段时间的默默酝酿后，在别人眼里，他们似乎"突然"迎来了爆发式成长。

同样，《三体》这本书在讲技术爆炸时还专门提到了这一点。

所有的技术爆炸背后，都有一个思想解放、文艺复兴的过程，第一次工业革命前和第二次工业革命前都有类似的事件。

那时候，人们说得最多的关键词就是：解放思想。

人生同样如此，所有短时间内的爆发式成长，都是有规律可循的：一定是人的思想首先产生了变化。

思想是行动的先导，没有思维方式、认知上的变化，一切变化都无从谈起。

《高效能人士的七个习惯》的作者史蒂芬·柯维有句话：如果想得到一个小改变，你只需从行为入手；如果希望看到真正的质的变化，请从思维入手。

当你遇到了问题，有了困惑，有了反思，激起了动力，找到了方向，定下了目标，采取了行动，你一定会看到自己的变化，并最终从中受益。

Do not pray for easy lives. Pray to be stronger men.（不要寄希望于生活让你舒适。要让自己成为一个更强大的人。）

这也是我在这本书里想和大家分享的第一个关键点：自我激励、自我认同，能切切实实地产生强大的推动力量。

而这种力量，只要运用得当，就可能会让自己产生脱胎换骨的变化。

02

美国动画片《马男波杰克》里面有一句话是无数人的真实写照。

马男波杰克是个明星，行事却非常幼稚。

导演说："这个家伙 20 岁就成名，发大财了，所以他为什么要成长呢？"成功有时候会让人们停滞不前。

英国著名的女首相撒切尔夫人对命运做了很精辟的分析，她说：

注意你的想法，因为它能决定你的言辞和行动；注意你的言辞和行动，因为它能主导你的行为；注意你的行为，因为它能改变你的习惯；注意你的习惯，因为它能塑造你的性格；注意你的

性格，因为它能决定你的命运。

我们现在所说的"性格决定命运"，从来就不是"一锤子买卖"，而是在漫长人生当中，由每件事、每句话、每个念头一点一滴累积而成的。

这也是我在这本书里想和大家分享的第二个关键点：永远不要放弃自我的进化。

我从 2015 年注册知乎账号开始，始终关注各种自我成长的话题，写下了无数回答，在平台上的点赞和收藏量都超过了百万。

后来，在"栩先生"公众号刚开始更新的时候，我写下了《彻底改变自己，你需要的不仅仅是勇气》文章，其中关于自我改变的"三重境界"，实际上是我在大学快毕业时就已经经历过的。

里面有一句话：没有对过去自己的反思和否定，没有对自己一系列遭遇的深入分析、研究、判断，不找几个"牛人"把自己骂醒，你怎么知道自己有什么问题？你怎么会有改变的动力？

一年后，我又写下了《你见过最上进的人是怎样的？》一文，再次谈道：没有去试图突破自我的人，不足以谈上进。不破不立，破而后立。先突破了被年龄困住的自己，这是我这么多年来突破的起点、初始的动力。

也是在那个时间段里，我开始阅读大量的心理学、情绪管理、思维认知方面的书。

有一阵子，我思维非常混乱，脑子里什么乱七八糟的理念、思维都有。

有些人"懂得很多道理，仍然过不好这一生"的根本就在于，那些道理都是别人的道理。但我正是通过大量的阅读和反思，思维和认知才有了不同层次的提升。

2018 年，我在"栩先生"公众号上写下"成长三部曲"，里面提出了一个观点：

如果没有建立你的思维体系，光是学招式，你根本得不到真正的进步，你根本不明白你学了这些东西有什么用、对你人生能造成什么长远的影响。

你消除了认知的障碍，突破了自己封闭的内心，才开始接触和掌握更多更高层次的思维方式。

这样的突破，很可能是很多人终其一生也无法实现的，但也只是人生进阶的起点而已。

这是很多人的通病，突然突破了认知，想明白了某些大问题，就以为自己马上要成功了。

突破了障碍，有了独特的心法，不过是有了修行的基础，还需获取大量的常识、见解、招式和经验，否则就是纸上谈兵。

对大部分人而言，不真正进入社会、不经过历练，是不可能真正在方法论层面上建立自己的思维体系的。

岁月本身不会让人成长，只有历事，才能炼心。

所谓的逆袭不是"开挂升级"，而是遍体鳞伤、摸爬滚打后的突破。

进入社会，你开始真正地去践行当初囫囵吞枣从书上学来的各种思维、理念、招式，也开始了和外界的对话、斗争。

你将会遇到很多的人，"小人"、针对你的人、看你笑话的人、伤害你的人、和你合作的人、与你竞争的人；也会遇到欣赏你的人、交心的人、信任的人，还会遇到帮助你的人。

你还会遭遇很多事情，跳槽、辞职、当领导、租房、买房、投资理财、成家立业、疾病缠身。

各位，这些五花八门的人和事，就是人间真相啊！

也是在这个阶段，我开始阅读各种职场书籍，培养工作需要的各种能力。

我的目的很简单，就是要做一个很厉害的人，能够不被外界和他人伤害，有足够的战斗力和判断力，让自己不断向上生长的人。

我也开始有了一些影响力，能借助身边的资源，去做更多更大的事情。

我在 2018 年 5 月写下了一篇文章《那到底什么决定了格局？》。这篇文章仅在微信平台就被转载了 772 次，全网阅读破千万，很多人也因为这一篇文章开始关注我。

所有的这些思考，促使我在 2019 年 9 月写下了一本畅销书《成为极少数》，帮助很多人建立起改变与行动的决心和意志。

我把这些经历讲出来，只是为了告诉大家我是怎么想的、我是怎么做的，以及我为什么会这么想、为什么会这么做。

自始至终，我都是大家的同路人，因此，我更喜欢大家亲切地称呼我"学长"。

o3

距离上一本书出版，又过去了两年多，我的思考和实践进一步深化，视角也开始更多地触及个人、社会和世界的问题。

在这两年间，有不少读者留言说，我的文章和建议让他们获得了很大的，甚至是彻底的改变。他们有的是职场人，有的是学生。

 李哥，我是×××，曾咨询过您。很久没联系，不知您是否还记得我，我换号了。我自考大专通过了，目前在做财务工作，您的建议改变了我的人生轨迹，谢谢您。
11月17日 16:40

学长好，之前有位在×国读博的同学给您留过言，对的，是我。我几个月前毕业了，博士答辩拿到了好成绩，出版了一本书，找了几份工作，想和您反馈，感激您当时的鼓励。除了专业上的深入与系统化之外，这段经历于我而言更多的是对我的价值观的影响，我相信坚持的力量。

12月5日 12:40

还有不少"真爱粉"说，几乎每一篇文章，他们都会打印出来看。

学长，我是你的"真爱粉"，我把你所有的文章粘贴到Word，打印成完整的一本书（A4纸有420多页）。当然，你的书我之前就买过了（看得不过瘾），所以你下次赠书第21本可以是我吗？

2018-06-15 23:34:06

甚至还有读者说，他专门到900多个公众号里去找，就是为了找到我的公众号。

栩先生，你不知道啊？前几天在群里瞥见你的文章立刻关注，后来找不到了。为了找你的公众号，凭着栩字，硬是在我的900多公众号中找到了。感谢！我要好好看看你的所有文章！

2019-03-10 09:49:52

这些留言，让我体会到不小的压力，但也让我获得满满的感动，收获了信心和动力。

写这篇"自序"的时候，我统计了一下，不算零碎的私信回复和留言答复，从知乎到公众号，再到社群，我已经写下了超过200万字的原创"干货"。

更重要的是，在这背后，我做了大量的、长期的阅读和思考。我的整个思考体系，也有了很大的提升。

而归根结底，我写下的所有内容，其实都围绕着一个主题：成长。

这种成长不是年岁上的增长，更多的是心理、认知、思维以及工作和生活层次的进步和变化。

只是这种全方位的成长，老师不会教，在学校里学不到，其实现的方法和路径更隐蔽，一般人很难学到而已。

有人说：成功的路上不挤，因为很多人根本找不到正确的方法持续走下去。

正因为我自己经历过这样的成长和改变，我才迫切地想要将这样的经历、这一过程中总结出来的方法论，一股脑地告诉大家。

这也是我在这本书里想要和大家分享的第三个关键点，也是贯穿本书的核心理念：只有由内到外形成了属于自己的成长体系，才能带来真正的、彻底的改变，也才能让你获得爆发式成长。

我将自我成长的关键要素，从内功、心法到实践、招式等，分为了自我认知、格局提升、底层思维改变、战胜拖延等 16 个主题，最终去粗取精、整合优化、修改充实，变成了本书的 14 章、41 节、30 万字的精华内容。

我将由内而外，体系化地去梳理当年帮助我成长的内生力量，手把手地教你实操和认识方法论层面的东西。

这里面，既有最基础的心法认知——目标管理、底层思维、自律、情绪、格局；也有自我管理的核心内功——时间管理、知识管理、品牌管理、形象管理；还有在团队中快速成长的关键招式——人际关系、沟通表达、领导能力、高效写作；同时，我还想帮助你更好地将认知变现——在人生的关键节点，做出正确的决策。

我会帮助你，用简要的方式制定目标、管理目标、实现目标。你也可以借助这里便捷的工具，在接下来的时间中，不断关注自己的目标完成情况。

而这些思考，这些知识，这些"干货"，都是我通过观察自己和身边的朋友总结出来，并且在实践中验证过的。

我从中得到了实实在在的成长。它帮助我一路走来披荆斩棘、劈波斩浪，不仅让我在职场中持续进步，而且也让我在业余时间里取得了突破性成功。

我相信这样一套体系化的成长训练，能帮助你建立自己的"成长金字塔"：不仅仅让你在阅读本书的这段时间获得成长，在未来更长的时间里也能依靠本书成长体系不断实现自我迭代，使认知快速升级。

04

最后，还有一个问题，人为什么一定要追求自身成长？

因为成长是生物进化的一种本能。

只要有可能，我们一定会去追求更高更远的目标，不断地完善自己。

得其大者可以兼其小。

当你在更高层次上实现突破，有了更强的思考能力、更开阔的眼界、更大的格局，你在面对生活工作里的琐事、烦心事时才会更举重若轻，从容应对；才更能跳出平庸生活的束缚，实现更大的人生自由。

而你的这种"段位"提升，最终会在做事的方式，解决问题的思路，气质和谈吐中展示出来。

更直观地来说，你的"市场价位"也会不一样。

你的价值有多少，"价位"就会有多高。

那些没有尝试过自我改变的人，永远不知道这种看见自己进步并从中获益的感觉有多爽。

那种成就感、满足感、掌控感，和小孩子学会走路、学会骑车、学会轮滑的感觉是一样的。

你现在看到的这本书，其实是为那些发自内心地认同自我成长、迫切渴望改变人生的人而写的。

我经常念叨的一句话是："自助者，天助之。"

就像查理·芒格所说："我的剑只交给会挥舞的人。"

只有真心地认可，你才可能做出自我改变。

那些或者听了不屑，或者见了不信，或者浅尝辄止的人，将永远也无法知道自我改变后，到底会有什么样的体验。

相信我，能够突破人生困境，最终走出来的人，一定是少数。

希望这本书能让你成为那一小部分愿意自我改变并且为之行动的人。

当你穿过了暴风雨，你就不再是原来的那个人了。

——村上春树《海边的卡夫卡》

目录

/ 第十三章 /

品牌管理：
再小的个体，也有自己的品牌

/ 第十四章 /

人生决策：
一个决策，影响五年；十个决策，影响一生

第一章

认识自我：
要让成长有动力，先厘清自己的坐标系

花半秒钟就看透事物本质的人，
和一辈子都看不清事物本质的人，
命运注定截然不同。

1/ 自我改变的起点——
从"幼稚速率"说起

> 人的一切未来，都是过去
> 走过的无数条路的集合。 ■

所有成长，尤其是一段时间内集中的自我提升，其初始点，一定是思想上先发生了变化。

这个核心观点请牢记：**思想是行动的先导**。

而如何让思想发生变化？很多人觉得需要的是经历。

经历对一个人的影响之所以比"纸上谈兵"要大得多，原因就在于它够直接，够彻底，够震撼。

就像很多老人不愿意去旅游，觉得在外面看到的风景现在在电视、手机里也能看到，何必花那个冤枉钱呢？但如果他们真的有机会走出家门，亲眼看见那些动人心魄的名山大川、人文景观，他们会发自内心地觉得，现场的感觉还是不一样的。

很多人面试的时候会把过去的一些工作说得天花乱坠，但有经验的招聘者从中能听出是否有夸大的成分。

看过和做过永远都是两个层次。纸上得来终觉浅，绝知此事要躬行。

不要信那些投机取巧的捷径。不要被一些金句唬住。只有实实在在的经历才能促使你去反思，才能激发你的思考，而唯有思考才能带来改变。否则，再多的生活经历也不过是过眼云烟，走马观花。

但这也只是表象。因为经历是客观的，很多人活了一辈子，到老了思想还停留在十多岁的时候。

真正能引起思想波动、升级乃至进化的东西，永远是经历后的总结和反思。

而总结和反思的核心在于三个方面：一是分析自己；二是观察他人；三是重新认识世界。

在这本书中，我将从分析自己开始，一步步地带着你走入自我成长、升级进化的通道。

这是我第一次在书里对这种"自我分析"的方法进行公开。它是一种对自我认知的真实记录。

我有时会倒回去看看我在不同人生阶段里"自我剖析"的情况，目的是更好地看清自己，特别是看清自己这一路是怎么走过来的。虽然随着年龄、阅历的增长，里面很多内容现在来看也觉得有点幼稚了。

这里就要提到一个新的概念——"幼稚速率"。

这个词并非心理学的专业术语。我有一个观点：检验自己有没有成长的关键，就是看如何往回看自己——如果觉得自己说过的话、做过的事，幼稚得像孩子一样，就说明你进步了。这中间的周期长短，反映出"幼稚速率"。从你上次觉得自己幼稚到现在，隔的时间越短，证明成长越快。

如果现在倒回去看，你觉得当年的自己有些幼稚、偏激，这不是什么坏事，它恰恰说明了这些年里，你的认知和思想都有了长足的进步。

而要想提高"幼稚速率"，最关键的就是每隔一段时间，要对自己进行一次深刻的剖析和总结，看看自己到底有没有发生改变，哪里变了，哪里没有变。

这能帮助我们更好地掌控自己。

对自我的剖析，符合"冰山原理"。也就是说，一个人通过外在和他人评价反映出来的只是其真实自我的20%，是很容易流于表面的那部分；而剩下80%的真实自我，其实都潜藏在深处，需要非常深刻地去探查自己的内心才能认清。

为什么中国古代文化里要提倡"内外兼修"？要强调"通过改造主观世界来改造客观世界"？这样做就是为了让人通过不断地反省和修炼，达到知行合一的状态。

而这里的"知"，不只是知识，更多的是对自我、对世界的认知。你只有了解了自己，理解了自己那些奇怪的想法，明悉莫名的情绪甚至极端的想法产生的根源，才能够知道如何去应对。

你不要做"脸上笑嘻嘻，心里很崩溃"的两面人，这样时间长了，是会出问题的。

自我剖析是没有定式的。我当年做自我剖析时，看了很多书，查了很多资料，发现关于这一块的内容不多，一些资料只是点到了，却没有具体的方法和原则。

不过，根据我个人长期对自己进行反省并总结的经验，自我剖析应该有一些基本的原则方法，这可以让你的剖析更聚焦、更深入，同时也能让你避免陷入某一种极端情绪里不能自拔。

这里我先介绍一下我自己的具体做法（通用原则将在下一篇介绍）。

一次比较完整深入的自我剖析应该包括以下几个方面：

一是**核心优劣势**。这是最基础的，方法也是最简单的。拿出纸和笔把你目前最擅长的、最不擅长的一一列举，分析你过去觉得成功或者失败的地方。

二是**底层价值观**，也就是做事的价值依据。方法是多做思想实验（后面会做详细介绍），真实带入情境，强化自己的价值观。

三是**极端情绪**。人在极端情绪下最易暴露出真实的自我——我害怕什么，畏惧什么，嫉妒什么？容易对什么愤怒，被什么感动？

四是**个人形象**。你怎么看自己？你会为自己的形象自卑或者骄傲吗？最好是引入"第三者视角"，看看什么人喜欢你、什么人讨厌你，分析他人为什么喜欢你、为什么讨厌你。

五是**个人追求**。你的野心是什么，抱负是什么，最想得到什么，爱好是什么。

六是**社会定位**。你的收入是多少，你的朋友们的收入是多少，你的工作能不能带来社会价值，你的朋友圈是什么样的，等等。

围绕着以上 6 个方面，我设计了 16 个问题，帮助你进行自我剖析。

请你找一个无人打扰的时段，最好有 1~2 小时的完整时间，关掉手机、电脑，先让自己放空；找一个安静且能让自己有安全感的地方，比如空旷的自习室、周末无人的办公室、家里无人的房间、公园的僻静角落等；找一张干净的白纸，先按图 1-1 画下四个象限（金字塔可以不画）：

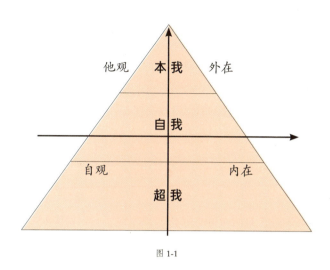

图 1-1

简单说明一下图 1-1 中四个象限分别代表什么。

内在：你觉得什么是好，什么是坏，什么是对，什么是错，想要什么，不想要什么。

外在：这个世界是什么样的，别人都是怎么样的，你如何看待世界。

自观：你怎么看待自己。

他观：别人怎么看待你。

我们借助弗洛伊德的"本我""自我""超我"[1] 概念来分析"冰山原理"：在这里，"本我"指"我要什么"，"自我"指"我能要什么"，"超我"则指"我应该要什么"。

位于冰山顶部的是"本我"，也就是一个被本能驱使的我。通过自己的外在和他人对你的评价，可以看到一个抽离了个人意志的符号化的"我"。

1　在心理动力论中，本我、自我与超我是由精神分析学家弗洛伊德的人格结构理论所提出的精神的三大部分。1923 年，弗洛伊德提出相关概念，以解释意识和潜意识的形成和相互关系。"本我"（完全潜意识，不受主观意识的控制）代表欲望，受意识遏抑；"自我"（大部分有意识）负责处理现实世界的事情；"超我"（部分有意识）是良知或内在的道德判断。

他人的评论和你对世界的看法固然重要，但往往并不真实。

位于冰山中部的是"自我"，是自己意识的觉醒，是探寻自己的开始。你通过对自我内心的探索，去发现你原本应该是什么样的人，拥有什么样的特质。很多人可能到老了也不知道自己到底是个什么样的人。

位于冰山最底层的是"超我"，这是价值体系中的"我"，是你觉得自己最应该成为的那个"我"，是需要穷尽力气、花费很长的时间去不断探索的人生终极答案。

通过四个象限，我们对剖析自我的"冰山原理"已经有了一个粗浅的认识，知道一个完整的、真实的自我，应该同时包括他人对自己的看法、自己对自己的看法、自己对世界的看法，以及更深层次的价值判断。

接下来，请依次写下你对以下问题的回答。

（1）你对自己的现状感到满意吗？你每天有多长时间会陷入担忧、消极或焦虑的状态中？你觉得这些情绪产生的根源是自己的问题，还是环境、机遇的问题？

（2）取得一个成就的时候，你觉得是因为自己天赋好，够努力，还是因为运气好？你觉得要成为一个更好的自己，需要哪些必备条件？

（3）你有绝对不能碰的禁区和红线吗？有多少个？（请列出来）如果有人触碰了，你会怎么做？

（4）你还相信自己有改变的可能吗？你觉得一个人真的"江山易改，本性难移"吗？

（5）你觉得自己形象如何，气质如何？你的精气神和身体状况怎么样？

（6）你每天睡几个小时？入睡困难吗？睡醒后的精神状态怎么样？

（7）当你见到陌生人的时候，他们对你更多的是表现出愿意亲近，还是相反？

（8）你熟悉的那些人里，大家经常对你的评价是什么？请提取他们评价中高频的四个关键词。

（9）你认为自己的家庭幸福和温馨吗？你如何看待自己的父母？

（10）碰到那些对你有意见的人，你是欣然接受，还是感到不高兴？当有人夸奖你的时候，你会更喜欢他吗？

（11）你的朋友里有和你长期共事的伙伴吗？对那些学习、工作中的竞争对手，你会愿意和他们交往吗？

（12）想一想你生命中最重要、最难忘的几个人。他们中有几个是曾经帮助过你或你曾帮助过的人？有多少是你的朋友，有多少是你认为的敌人？

（13）你觉得自己的人生有退路吗？面对一个新的项目和机会的时候，你愿意挑战自我吗？你的底气来自哪里？

（14）你做每件事情都会有计划吗？你有制订了一个重要计划并且最终完成的经历吗？在你的计划之外，出现了一件出乎意料的事情，你会倾向于认为这不见得是坏事，还是倾向于认为这一定是坏事？

（15）想一想，你觉得现在的你和过去的你相比，哪个更好？你觉得未来会比现在更好，还是更差呢？

（16）当你看到上面这些问题的时候，你是认真思索再写下答案，还是只花了很短时间就写出了答案？你是相信上面这些问题有助于你认清楚自己，还是觉得毫无帮助？

这些问题分别对应着内在［（1）～（4）题］与外在［（5）～（8）题］、

他观 [（9）~（12）题] 与自观 [（13）~（16）题]。

但是，请注意，这些问题并不能穷尽你对自己的剖析，问题的答案并不能代表什么，更没有对错之分，它只是一面帮助你认清自己的镜子。

当然，如果可能，你可以试着和朋友、亲人一起来完成这个自我剖析的挑战。

互相查看对方的回答，再坦诚地告诉对方你们对彼此的看法和印象。从这种偏差中，人们更能发现过往在自我认知上的缺陷和盲区。

基本上，把这几块都分析一遍后，你对自己的认知就会比之前清晰很多。

另外，这样的自我分析也不是一次性的，建议每次就一个方面进行深入思考，花 1~2 小时来完成自己的答案。

如果你可以找到信任的朋友或者家人，把你的分析结果告诉他们，或者让他们和你一起分析，效果会更好，更能得到积极的反馈。

最后，我再来说说自己吧。

我现在回头去看，觉得当年从小县城走出来的自己，是一个又自卑、又骄傲、又偏激的青年。因为起点低、眼界窄，我的很多想法和行为都很狭隘、固执，甚至愚蠢。

当年的我，认为自己经历了不少侮辱与欺骗，陷入过抑郁之中，沉迷过网游之中，怀疑过人生，大学时颓废到自暴自弃，两度濒临退学……我缺乏见识而又无人指点，走了太多的弯路和歧路，甚至回头路。

于是在大学毕业的时候，我对自己做了一次极为深刻的、真实的自我剖析，写下了几万字的分析文章。

不管怎样，在这个过程中，我做到了勇敢面对自己，如今我将当年真实的自己向大家展示出来。现在的我，与当年写下剖析文字的我，已经发生了非常大的变化。

一个人如果不经历一次脱胎换骨，如何成长呢？自我剖析的过程，很多时候就是对过去的自我进行一次重塑的过程，过程中会有价值观的冲突，也会出现思想的各种异动。

你需要在这一过程中不断给自己划定框架——什么能做，什么不能做，什么可以改变，什么不可以改变。

人的性格从来不是一锤定音的，性格的内核可能是比较稳定的，但外在的部分可以修正。

比如我当年性格自卑又自傲，好走极端，比较偏激，看问题很消极。我现在几乎完全改变了，变得冷静克制了许多，很难真正动气，遇到再难的问题也会首先思考如何积极应对。这就是我这些年性格持续改变的结果。

但永远不要有一劳永逸的想法，不要指望一次改变就能颠覆自我。很多人想要改变，但没有动力，始终迈不出第一步，也找不到科学有效的方法。

我的变化，其初始点，就是那一次深刻又全面的自我剖析。

我真心地希望，每一个对自己的现状不满又渴望改变的读者，都能随着深入阅读本书，慢慢地打开自己，面对自己的过去，去分析自己到底是一个什么样的人，又为什么会拥有今天的境况。

归根到底，人的一切未来，都是过去走过的无数条路的集合。

2/ 重新认识你自己——
如何科学地、深入地自我剖析

你把难题清清楚楚地写出
来，便已经解决了一半。 ■

你只有对自己的过去和现在做全方位的反思与总结，找到导致你现在痛苦、困惑、迷茫的问题根源，才可能知道未来应该怎样去改进，应该寻找什么样的路径。

本文中我要讲的主题，就是怎样去重新认识自己，怎样正确客观地分析自己。

在上一篇文章里，我写过，在大学快毕业的时候，我深感无路可走，终于下定决心，对自己进行了一次非常全面的剖析。在那段时间里，我一边悔恨，一边痛苦，一边革新。

但这种剖析不是漫无目的、没有原则地剖析，而是有原则、有底线地去面对和蜕变。这个过程中最关键的东西，就是我下面将要和大家分享的五条原则。

1. 诚实

自我剖析，必须做到诚实。其实，很多人会自己欺骗自己。比如我在这里写下一个问题：

请反思，你有没有恨过父母？

请注意，我问的是恨，而不是抱怨。

很多人可能不会诚实回答。因为这样的回答，是在对自己内心深处最隐秘的地方发起进攻。真实的自我剖析，都是血淋淋的。在剖析的过程中，你既可能看到自己最柔软的部分，也可能见到自己最黑暗的一面。

但不管怎样，你如果要对自己进行深入剖析，就一定要对自己诚实。不要因为惧怕面对真实的自己而对自己说谎。请给自我剖析找到一种真实感、深呼吸、排除杂念、避免外界干扰。给自己一个空间，把自己最真实的一面暴露出来。

2. 集中

每个人都是一个多面体，自我剖析应该主要集中在以下三点。

第一点，分析你对当前状态的认知和感受。你觉得你现在的状态是什么样的？你对现在的状态满意吗？这个状态是你之前一直想要的吗？别人怎么评价你现在的状态？

第二点，分析你现在这个状态的来源。你为什么会是这种状态？你为什么会对你现在的状态满意（或不满意）？

第三点，分析你今后想要的理想状态。你为什么想要这样的状态？这个状态是你过去就想要的状态吗？你能通过改变现在的状态达到理想状态吗？你觉得要付出什么才能达到？你能接受这样的付出吗？

这样的分析得出来的就是最本质的问题：我从何处来？将往何处去？

3. 对标

这个世界上的人千差万别，但归纳起来，你的与众不同只表现在细节上。从大类上讲，这个世界上总有很多人和你相似。星座学的流行，从一个方面帮助你了解自己。

你是因为星座的描述真的百分之百准确，所以认清了你自己吗？其实不是，而是星座学的那种模糊语言，给了你一个认识自己的契机。它只需要模糊地定下关于每个人的大框框，你自己就会沿着这个方向把剩下的内容补充出来。

这有点像在不知道怎么做选择的时候抛硬币。在它落下来的过程中，你心里期望它是哪一面朝上，哪一面就是你的答案。

我为大家提供了自制的一种自我认知工具，帮助大家更好地去对标某个群体，更清晰地认识自己（见本章后附表）。

4. 正向

所有的自我分析都不是为了让你陷入自我否定、悲观抑郁的状态。

我们一定要时刻牢记自我剖析的目的。它不仅仅是为了更好地认识自己，更多的应该是通过了解自己，和"过去的自己"和解，统一"现在自己"的思想，为今后成长为更好的"未来的自己"做思想准备。

这就像大战前，元帅会阵前训话。**哪怕上一场仗打得一塌糊涂，一个优秀的将领也不会在这场仗前把所有人骂得狗血淋头，而是要努力从之前的失败中找到能激励所有人的点，让大家能更加坚定而正确地打好眼前的仗。**

《孙子兵法》里说，**上下同欲者胜。**如果你连自己的想法都统一不了，又怎能集中精力去做出更好的改变？在剖析自己的时候，千万不要给自己贴负面标签，比如"我就是自私自利的人""我就是一个自卑的人""我就是一个没有勇气去尝试的人"……

这些统统不要有。如果非得有标签，请给自己贴这样的标签："我是一个真实的人""我是一个敢于面对自己的人""我是一个渴望改变的人"。通过这种自我剖析的方式，让自己不要再有太多乱七八糟的想法和悲观情绪。

既然知道自己从何处来，既然过去已经无法改变，那最重要的事，就是立足现在，改变自己的未来。

5. 记录

请记住，你的记忆力远远没有你想象的好。

很多人经常在深夜里会想，自己这一路怎么走来，以后又将去做什么，想得热血沸腾，想得痛哭流涕。但只要睡一觉，又基本就都忘了。

人对自己的深刻剖析一定要用文字记录下来。这就是你自己的成长经历。我有一个笔记本，从初中开始在上面记录，到现在也才用了一本。它不是日记，也不是周记。

我只记我人生中最受触动的，最难以忍受的，最痛哭流涕的时刻，我写下当时的事情，记录下当时的感受、真实的想法（记住第一条，一定要对自己说真话）。然后隔一段时间（一般为三个月或半年），我去回看一下。我会发现自己想法上的变化。

我当初觉得完全无法接受的事情，过一段时间看好像也就那么回事；当初觉得一定不会改变的想法，过一年去看会觉得"我当时为什么会这么想"。

如果你每隔一段时间去看当时自己的剖析，会觉得之前的自己是那么幼稚，甚至好笑，这说明你已经走上了不断蜕变、自我成长的轨道。这种觉得自己之前幼稚的时间间隔越短，你就越接近爆发式成长的真谛。看着好像你每个阶段都在自我否定，但你实际上就像布袋和尚的《无题》写的那样：

手把青秧插满田，低头便见水中天。

六根清净方为道，退步原来是向前。

他写的是插秧时的场景。插秧的时候人是退着走的，边走边插秧，看着是在倒退，实际上获得的东西（插下的秧苗）是在前方不断累积的。

希望大家都能从现在开始，每隔一段时间或者每当有一次刻骨铭心的经历时，都把那一刻的自己真实地记录下来，记录下自己当时的行动、想法、最后的结果等。

3/ 让自己做人生的主宰者——不当价值观上的弱者

千万不要把决定命运的钥匙交给别人。

　　你是否跟曾经的我一样迷茫，无法认清自己当下的困惑，焦头烂额地思考着现实问题……遇到这种情况，我们首先要做的就是进行自我分析。关于自我分析，其中很重要的一项就是要了解自己的价值观。

　　价值观是人性里最底层的代码，是指导你一切行为和思考的基础。平时你很难关注到它，但你对每件事做出的每一个判断、下的每一个定义，背后都有价值观的体现。

　　特别是在面对底线的时候，价值观的作用会变得更明显。

　　要想了解自己的价值观，除了及时记录自己的一些最极端的看法、一些真实的情绪和感受，还有一种很有用的方法，那就是做思想实验。比如：

　　你觉得这个世界是善意的还是恶意的？

　　你遇到有人挥刀砍向你的同学时会不会上前去挡刀？

　　你如果在读研时，遇到一个不合你心意的导师，会不会心情郁闷？

　　你如果遇到别人给你回扣，拿不拿？

…………

这样的问题很多，我有一个经常用的小窍门分享给大家，那就是每一次社会上出现热点问题，特别是价值观冲突激烈的那种问题时，我都会代入自己去思考：如果我遇到了会怎么办？

我一直觉得，这才是关注热点问题、思考热点事件的价值所在。你如果就当八卦看了，别人的热点与己何干？那你不会成长。只有把这种对热点事件的看法和观点记录下来，今后你再遇到其他热点事件的时候，对比来看，你能够看到自己价值观的变化。

*

价值观从更高层次来看，有些情况下也难有善恶对错之分，像电影《复仇者联盟》里灭霸的价值观，他自己笃定不疑，在别人看来却是邪恶的。

除了社会普遍认同的价值体系外，我自己将个人价值观分为了强价值观和弱价值观两种。

不用怀疑，每个人都有自己的价值观，只不过有些人觉察不到，或者表现不明显而已。所谓强价值观，就是一个人做的很多事、说的很多话的背后，都带着价值观的烙印。喜欢什么就是喜欢什么，讨厌什么就是讨厌什么，不会轻易妥协和改变。哪怕为了顾及他人感受，不得不说说场面话，那也是在极少数时候。

强价值观的人优点是个性鲜明，通过他说的话、做的事，你会知道他在想什么，为什么这么想、这么做。当然为了维护自己价值观的稳定，这种人也可能会经常碰壁，遭遇很多意外打击，情绪也容易大起大落。强价值观的人，今后如果想改变自己，一定要从检视价值观开始。对于这样的人，价值观不改变，其他的改变都是浮于表面，不会持久的。

*

　　弱价值观的人，好的地方是性格一般比较和善，不太容易引起别人的攻击，也不太喜欢和人发生争执；缺点是容易陷入迷茫，做事模棱两可，易被控制，在职场里很多时候就是那种敢怒不敢言的人。

　　弱价值观的人，如果想改变自己，需要的是强化自己的价值观，通过思想实验，不断去给自己的价值观划定框架，对触及价值观底线的人和事一定要坚持原则、寸步不让。

　　事实上，一个人也好、一个企业也罢，不可能没有自己独特的个性和价值选择。这个价值选择，就是到底什么该坚持、什么该放弃、什么必须有原则、什么可以灵活。

　　不要以为凡事忍让、不表达观点，就是有"城府"、就是成熟的表现。长此以往，我们就会成为没有棱角、没有想法、得过且过、面目模糊、被生活压榨到毫无生气的人。

*

　　特别要说明的是，**价值观和个性，是两种事物，表里可以不一**。价值观强，个性也可能很温和。

　　举个夸张一点的例子，武侠小说里的高僧往往有着与世无争的外表，实际上，他们的价值观特别强，一旦你突破了他的底线，他打起人来比谁都狠；而个性很强的人，其价值观可能很弱，真正遇到事就尿了，比如那个少年时就敢杀人，见了秦始皇却直接吓得发抖的秦舞阳。

一个人真正的强大，一定是内心的强大。这种强大，来源于对自我和世界的清醒认识，以及在这种认识指导下的坚定的行为表现。

这里说一个比较现实的例子，很多女性在分手或者离婚后，反而活出了更好的自我，**这是因为，在分手或者离婚的过程中，她们丢掉了对爱情、对美好婚姻的幻想，认清了现实，强化和重塑了自己的价值观，一下子内心就变强大了。**

最后多说一句真话。很多人可能会问我，学长，到底是价值观强的人好还是弱的人好呢？

我想起我看过的影视剧和小说，**主角（无论是反派还是正派）大都是价值观很明确的人，而配角大都是价值观较弱的人。**你如果想做生活的主角，掌控自己的命运，当然要努力去强化自己的价值观。但如果只想要简简单单，平平淡淡，得过且过地生活，那么价值观可以不那么鲜明，或许活得会更轻松一些。

但不管你是强价值观还是弱价值观，我都希望你记住一句话：**千万不要把决定命运的钥匙交给别人，要做一个把握自己命运钥匙的人。**虽然你可能活得会更累一点，但一定活得自在、明白。

而古往今来也只有这样的人，才会被更多人真心地佩服、追随，才会更容易展现自己的价值。

因为这种人在那里，就是一面旗帜。

附表 独家 DISC 性格测试工具

扫描下方二维码，关注"栩先生"公众号后，在聊天框内输入"自我测试"，你可以获取独家的电子版 DISC 性格测试工具。

▲ 扫描二维码加关注

请你在使用测评工具进行自我测评的基础上，为自己做一次全面深刻的自我剖析（可以参考我前文的思路）。

切记，一定要把反思的内容用文字留存下来，它们将是你未来成长路上的有力见证。

认识自我

自我改变的起点
■ 从"幼稚速率"说起

思想升级
■ 经历后的总结反思
- 分析自己
- 观察他人
- 重新认识世界

自我剖析
■ 四象限剖析法
- 四个象限
  - 内在
    - 核心优劣势
    - 极端情绪
  - 外在
    - 个人形象
  - 他观
    - 社会定位
  - 自观
    - 个人价值观
    - 个人追求

重新认识你自己
■ 如何科学、深入地自我剖析

五大原则
- 诚实
- 集中
- 对标
- 正向
- 记录

让自己做人生的主宰者
■ 不当价值观上的弱者

什么是价值观
■ 人性里最底层的代码，指导你一切行为和思考的基础

了解自己的价值观

个人价值观
- 强价值观
- 弱价值观

价值观与个性

第二章

底层思维：
所谓的"人生开挂"，
都源于思维进化

人停止进步，都是从封闭自己的

思维开始的。

1 / 什么是底层思维——你怎么想的，很多时候并不由"你"决定

一切思维方法，最终都要归结到这四点。

很多人喜欢谈"底层思维"，但少有人真正明白什么是"底层思维"。

按照科学的定义，思维是一种高级意识活动，是你大脑内各种化学递质、神经信号相互交织和反应之后的一种有意识的产物。

现在，我用最通俗易懂的语言来帮助大家理解"底层思维"。

思维就是你在想什么、怎么想。我们大脑里的这种"想"，有些是无意识的，比如饿了吃饭，困了睡觉；有些是有意识的，比如我这顿是吃西餐还是中餐，这一觉是现在睡还是做完工作再睡。

现在我要讲的，主要是有意识的"想"。人类的进化、个人的成长就是靠不断强化这种有意识的"想"。很多人觉得自己活得浑浑噩噩，如同行尸走肉，内心焦虑迷茫，就是因为他们把应该有意识去想的事情变成了无意识去想的事情。工作干成什么样，差不多吧；下班后干什么，再看吧；以后想做什么，没想好……

一句话，不主动去想，就是靠本能活着。怎么活，活成什么样，全靠

命运。

*

人的思维是可以训练的。也就是说，如果你找到科学的方法，有意识地去锻炼这种主动想的能力，它会帮助你用主动意识慢慢接管那些被本能支配的部分。这其中，接管基础本能（吃、睡、性欲、情绪等）的部分，就是本书后文中专门分析的自律；接管高级意识的部分，就是所谓的底层思维。你的底层思维能力越强，你生活中可以使用更深层次的思考来处理的事物就越多，而不是稀里糊涂，得过且过。

人的思维模式虽然多样，但归结起来，基本都是由以下五点决定的：

（1）天性（遗传的性格、本能）；

（2）成长环境（特别是家庭因素——父母思考问题的方式，通常也会影响孩子）；

（3）语言（不同的语言对应不同的思维模式）；

（4）教育（受教育程度不同，思维也不相同）；

（5）刻意训练（教育是被动接受，刻意训练是意识到之后的主动练习）。

影响一个人思维的因素可能还有人际交往、物质条件等，但最根本的就是上面五点，它们共同构建起一个人底层思维的四梁八柱。有些人可能没有意识到，你面对一个问题的想法，处理一件事情的做法，实质上都是底层思维作用的结果。可以说，一个人要想发生脱胎换骨的变化，必须改变底层思维。

这其中，天性和成长环境是很难改变的，多年的教育经历也很难被推翻，根深蒂固的语言更是难以彻底改掉，如同，很多人在国外说外语，其实在大脑里会自动翻译成中文。

真正较为容易实现的，是刻意训练。

*

底层思维是一个人思维中最基础的东西。你的所有想法、思考，本质都是基于这些底层的思维模式。如果用手机来比喻，底层思维就是一台手机的操作系统，类似 iOS，安卓或鸿蒙。你的所有想法就像各种应用，再"牛"，再独特，也是基于这些底层思维而建构的。就像手机的安卓系统有很多不同的版本一样，你的底层思维经过训练，可以自成一家。

我在阅读和思考的基础上将一个人最底层的思维模式分为四种：那就是**归纳、演绎、开放、独立**。对应刚才操作系统的比喻，就是**输入、输出、开源、定制**。

下面我们一个一个来讲。

1. 归纳

归纳，就是要时时刻刻学会用最简练的方式，将一件事、一个问题中最本质的东西总结出来，"打包"到自己脑海里。世间的知识道理、万事万物被"打包"之后，能在有限的空间和时间里，让你获得更多的东西。

我常说，总结一次就有一次的成长与收获。我们虽然经历过很多事，听过很多道理，看过很多书，但多数都像过眼云烟、石上清泉，时间一过，什么都没留下，难以对底层思维产生深刻的影响。而总结（归纳）的过程就是向底层思维做输入的过程。

最简单的方法，就是当遇到难题或者刻骨铭心的经历时，你试试用三句话把它总结出来：**这是什么？为什么会这样？之后会怎样？**比如大多数人都支持某个人的观点，同时也有许多人支持与之完全相反的观点。我就想：这两种截然不同的观点为什么都能得到许多人的赞同（是什么）；之所以会这样，本质是一种二元对立，有黑就有白，有夸就有贬（为什么）；如果一个观点已经有很多人赞同了，要想得到支持，最讨巧的方法就是提出一个截然相反的观点（今后怎样）。这样，就能从一件日常的事情中得出了一个很有意思的结论，它可以帮助自己更好地认识问题，甚至在特殊时刻指导自己的行动。

要想改变自己的底层思维，最基本的就是永远都要有归纳的主动意识。你要学会从遇到的问题、经历的事情中归纳出有规律的东西来。

2. 演绎

简单地说，演绎就是对归纳后的东西继续推演。归纳是将对世间万物的看法、本质的规律的东西"打包"成一个个道理，如同压缩包一样。当你要使用这些道理的时候，又需要一个解压的过程，这就是演绎。当你要用一个道理去对事情进行分析的时候，可以假想自己是个授课老师，思考怎样用最通俗简单的方式让学生理解这个道理。

在小说《三体》里，叶文洁只告诉了罗辑两个结论：第一，生存是文明的第一需要；第二，文明不断增长和扩张，但宇宙中的物质总量保持不变。书里有两个重要概念：猜疑链和技术爆炸。

罗辑依据这两个结论和两个概念，之后完整地推演出宇宙文明模型：黑暗森林。

这种思维方法就是演绎。和归纳一样，演绎也是可以直接作用于底层思维的一种思维方法。即将你习惯于对生活中的诸多事情，不用直接的、线性的、本能的方法来思考和决定，而是解压那些被你归纳成各种"压缩包"的思维法则（比如"复利思维""剃刀法则"），分析你现在面临的状况，进而得出更优结论。这种反直觉、反本能的思维方法，就是能彻底改变底层思维模式的方法。

3. 开放

问渠那得清如许，为有源头活水来。任何一个封闭的系统走到最后都会变成一潭死水。而很多人在初高中阶段形成基本的思维方法后，就再也学不进任何道理了。他们可能活到了四五十岁、六七十岁，思维的层次和模式还是和青春期时差不多，简单、直白、粗暴。

这里面的原因可能是懒惰——深度思维是一件费脑筋的事情，有些人恨不得什么事都不想；也可能是偏激，不愿意改变自己根深蒂固的想法；还有可能是天天刷短视频，被算法"反训练"的结果。

不管是什么原因，我想说的是，一定不要封闭自己的思维。多读书，多去和那些有独立见解或者经历丰富的人交流，遇事多听听别人的看法，去试着换位思考，想想别人为什么会这样想。这样的做法会极大地拓展你的思维的广度和深度。

我曾经在工作中见到过一些智慧深不见底的成功人士，这些人很少打断别人讲话，相反，他们很善于鼓励别人发表看法，倾听别人的话语。哪怕他们和谈话者相差几十岁，又或级别、财富、社会地位天差地别，但只要谈话者说的有一点得到他们的认可，他们也会微笑着说：有道理，有道理，继续说下去。每次和这样的人交流，我都感觉见到了一个更广阔的世界。只不过这样的世界不是现实世界，而是思考的世界。希望大家也都建立起这种开放性思维，广泛地汲取不同思想的营养。

4. 独立

说完开放，有人可能会问：那我听听这个，听听那个，最后可能都不知道该听谁的了，甚至都没有自己的想法了。这里就要提到我认为底层思维的最后一种模式了：独立思考。

在这个社会里，独立思考永远是一种稀缺能力。大部分人都习惯了人云亦云的生活，缺乏独立见解。这里的人云亦云和前面说的开放性思维不一样，开放式思维是主动接近、有意识地吸收，而人云亦云则是被动跟随、无意识地认可。保持独立思维最核心的方法就是，建构自己的思维体系。

不同的人的思维结构是不一样的，这就像对电脑上的文件夹进行分类。有些人喜欢由大至小：歌曲——纯音乐——亚洲纯音乐——中国古曲——古筝；有些人喜欢同类并列：音乐——摇滚、流行、爵士、交响乐，等等。

学习结构化思维，就是在遇到事情、分析问题时，要学会像给自己的文件夹分类一样，按照一定的逻辑结构进行分解，然后分门别类地将自己的思考放到这些思维结构里去。

比如我最喜欢使用的结构思维（借鉴武侠小说）：心法、内功、招式。我会将我写的底层思维放到心法里去。需要的时候，我再从心法这个部分里将它调出来。

思维的内核一定要有自己最独立的体系，一点点去形成自己独特的思维地图，甚至思维图书馆。图书馆里的书可能是别人写的（他人的见解），但将它纳入自己的思维体系中，就成了自己思维不可分割的一部分。

*

　　所有的底层思维的思维模式——归纳、演绎、开放、独立中，最重要的是四个字：不破不立。很多人的思维模式从来不去改变。随着年龄的增长，"硬件"在老化，如果"软件"不升级，你就一定是被淘汰的那一批人。

　　在很多书中，"复利思维""概率思维""灰度思维"等思维方法被称为底层思维。但在我看来，它们并不够底层，顶多算操作系统上的应用，像归纳或者开放吸收后形成的一个个压缩包。这样的思维方法随随便便都能列举几十条，但贪多嚼不烂。如同手机应用不是越多越好，思维方法也不是使用得越多越好。

　　我曾经花很大力气搜集过"思维方法大全"，里面包括的思维方法有上百个，对这些思维方法，你可以广泛了解并试用，但最后会发现，好用的就那么几个，常用的也就那么几个。其实最关键的不是要懂多少种思维方法，而是要找到哪些是最适合自己的，从而能将它们运用得炉火纯青。

2/ 建 立 框 架 性 思 维——像福尔摩斯那样，打造思维图书馆

> 任何事情都可以归纳出中心论点，中心论点可由三至七个论据支撑，每个一级论点又可以衍生出其他的分论点。 ■

本节里，我将介绍对我而言最重要的底层思维方法：**框架性思维**。这种思维是结构化思维的升级版。结构化思维强调的是过程，所有的事情都是可以分解的。

《金字塔原理》里说，任何事情都可以归纳出中心论点，中心论点可由三至七个论据支撑，每个一级论点又可以衍生出其他的分论点。

这就是典型的结构化思维，把所有的事情进行拆解。在具体的思维方法上，框架性思维与此类似，都是需要对问题进行拆解。但框架性思维更强调结果，不是拆解成各种结构后就结束了，而是要将拆解后得到的东西分门别类装入自己的思维框架中。这个思维框架就是你个人的"思维图书馆"。

*

博尔赫斯有句名言：如果有天堂，那一定是图书馆的模样。

一个好的图书馆，一定有镇馆及涉及各领域的藏书和检索系统，既包罗万象又分布清晰。无论何时你要用到哪本书，都能通过一定的路径找到它。框架性思维也是这样，你一定要让自己所有的思维都变成体系化的东西，而不是东一榔头西一棒子，今天看到别人讲底层思维，觉得底层思维好啊，学到新东西了，但不知道今后如何运用；明天看到一篇文章讲如何"识人"，觉得讲得很深刻，用这样的方法可以更容易看清一个人，但很可能等到自己真正要用这个模式的时候，已想不起来是怎么一步步进行的了。

当你开始尝试把思维体系框架化之后，所有的思维方法、观点、道理都可以放进相应的框架里去，便于你自己记忆存储。更重要的是，在需要的时候你能够快速调用。

每个人的"思维图书馆"都不一样。比如我前面提到的"心法、内功、招式"分别对应的是底层思维层面、经验教训层面和实践应用层面。

另外还有一些框架，比如"认识层次"可分为三层：认识世界（阶层、历史、现实）、认识他人（识人，人际交往）、认识自己（情绪、自控）。其重点是你要找到一个框架，把所有思考的、接收的那些你觉得有价值的观点和思维方法都装到这个框架系统里。这样，今后对所有的问题，就知道如何做了。

如果你遇到了一个东西不能装进你的框架里，说明你的这个框架体系需要拓展层次了。**归根到底一句话：不要让自己的思考和想法漫无目的地随波逐流，而是要有清晰逻辑，抓得住本质和关键。**

*

下面我总结几种方法，有助于你建立起框架思维的基础。

方法一：先说结论。这是最实用的锻炼方法。

核心就是除了演讲、相声之类需要把结论（包袱）留在最后揭晓的活动之外，在所有的正式场合，只要让你发言，都尽量先说结论，然后用三点理由去支撑它。比如：我觉得这届 90 后的经济压力大（结论）。原因有三：一是等到他们毕业的时候，房价已经很高了，再怎么努力也很难在短时间内解决房子的首付问题；二是现在各行各业的压力都很大，工作收入提升比之前难；三是各种诱惑变多，信用卡、先使用后付款都在变着法诱惑年轻人花钱……

记住，学会这种方法后，关键是应用。一定要习惯于在各种场合谈论观点时结论先行。那么问题来了，比如前面我举的年轻人经济压力大的例子，结论是先行了，我也讲了三个原因，但总感觉这三点是"凑"的。那么，怎么才能让这三点原因确实能撑起前面的结论呢？

这就需要第二种训练法了。

方法二：MECE 原则。

也就是 Mutually Exclusive Collective Exhaustive，看着"高大上"，翻译过来就是相互穷尽、不重叠、完全包括、不遗漏意思。用前面的例子来讲，就是你找的所有支撑内容，一是尽量找齐，无论是直接的、间接的、正相关还是负相关，你觉得有用的都列上；二是这些内容之间相互不交叉，你讲 90 后买房压力大，就不要讲他们首付压力大，可以合并到一起；三是上一级内容要完全包括下一级内容，你要论证的是 90 后经济压力大，后面的原因里就不能讲到 00 后去；四是你要讲经济压力大，就要从现金流到存贷款、从收入到支出，方方面面尽量都考虑到，不遗漏。

用 MECE 原则进行思考的最好方法就是："折腾"你的文件夹或收藏夹。没事就对电脑上的文件夹和收藏夹进行整理。看看怎样整理最精练、最简单，但又能最清楚地把你所有的文件和收藏的内容整合到几个文件夹、收藏夹里去。要保证上一层次一定要包括下一层次的内容，同一层次之间不能交叉、重复。

方法三：画思维地图。

之前我们讲到了要打造自己的思维图书馆，这里面去连接、触达每一个思维结构的路径，就是你的思维地图。说白了，你是怎么想到这儿去的？

常用的一些思维导图软件里面提供了 STAR 法则（背景、目标、行动、结果）、SWOT 法则（优势、劣势、机会、威胁）以及时间轴、鱼骨图等很多模型。你用这些模型去帮助思考的过程，就是去发现你自己最喜欢最擅长的思维地图的过程。如果你不喜欢用软件，用一张白纸画也可以。图形化是最容易被我们大脑学习和理解的方式。

遇到新问题，不要着急上手，拿一张白纸，好好想想引起这个问题的原因可能有哪些，你现在面临的处境是什么，你有哪些资源、哪些方法可以帮助解决问题。后面干起来才会有的放矢，不打乱仗。

*

类似这样的方法还有很多。比如我有一个独家法则，遇到任何一个问题，都要坚持至少问五次"所以呢？""然后呢？"帮助自己把这个问题分解成五层。

"我今天迟到了。""所以呢？"

"我迟到是因为没赶上地铁。""所以呢？"

"没赶上是因为地铁人太多了挤不上去。""所以呢？"

"挤不上去是因为我今天化了很好的妆，怕挤花了。""所以呢？"

"我化妆的时间太长了，没赶上首发的那趟。"……

上面只是举例子，在现实中不一定会发生。但就像我之前说过的，方法不在乎多少，把常用的几个练到炉火纯青就可以了。所以，大家可以去找适合自己的、修炼框架性思维的好方法，然后勤于练习和分享。最终的目的，是要帮助自己打造思维图书馆。

我曾写过一篇文章，讲为什么有些人懂得很多道理还是过不好这一生。因为道理都是概念，而不是知识。你懂得再多的概念，都是空中楼阁，但现实世界里有很多事情是需要扎实学习、获得知识才能完成的。

举个最简单的例子，数字是可以乘起来的，这是一个道理。但你要想真正知道乘法怎么做，光知道这个概念是没有用的，你得去学习九九乘法表。你知道乘法这个道理，但如果不知道九九乘法表，你还是做不来题。人的思维也一样。你学会了很多"很牛"的思维方法，建立起了自己的思维图书馆，书架摆放好了，上面的书整整齐齐，清清楚楚。但书架如果没有书去填充，这个书架也就是一个空架子而已。

思维和知识永远是交替升级、相辅相成的东西。千万不要沉浸在思维的世界里，而忽略了对知识的学习。

3/ 最矛盾的两种思维——大路思维与长板思维

水大鱼大的意思是，先有大水，才有大鱼。 ■

我在前两节花了很多篇幅来介绍"底层思维"，这一节我要分享的是具体的思维方法，这些思维方法，都是我反复使用过，而且确实给我的生活和工作带来了极大变化。它们看似矛盾，但其实内在逻辑上是融洽的。

*

先说"大路思维"。

《老子》说：**大道甚夷，而民好径。**意思是大路才是真正宽敞明亮的，但好多人都喜欢走小路，会觉得走小路更方便。看起来走大路是随大流，走小路是走捷径，但实际上，走捷径是危险的。就像爬山的时候，捷径永远都是那些人迹罕至的悬崖峭壁。走捷径，意味着你能接收到的信息更少，更容易走着走着就走进了死胡同。而走大路，看似竞争的人很多，实则越走越宽，越走越光明。除非有机会在某条小路上成为真正的"领头人"，否则，走大路，是对大部分人最有利的选择。

一万个人竞争一千个岗位的专业，和十个人竞争两个岗位的专业，我宁愿选前者。看起来比例小，实际上选择空间要大得多。同样的道理，骗子要骗你，只会把你从股票市场忽悠去所谓的期货、重金属市场；池子越小，水越容易浑。如果你不是技艺超群，买股票的时候永远不要加杠杆，也不要借钱，这样最多只会亏完本金，而不至于爆仓后想去轻生。同样，如果不是把握十足，也不要裸辞，失去从容筛选的机会后，你很难做出优质决策。无论走什么路，都尽量给自己留出 AB 两种方案。"一条路走到黑"，很可能真的走着走着就黑了；另外，"走路"的时候也不要太猛，不要超负荷运转，给随时可能出现的新挑战留一些应对的余地。

*

很多人一说到"走大路"，就会将其和随波逐流、不坚持自我联系起来。实际上我这里所说的"大路思维"着重强调在做选择的时候应该有的一种思维模式。当你对"小道"的消息掌握不确切不充分时，尽量去选择那些已经经过验证的方案。比如：高考选专业时不要报特别冷门生僻的专业；开店选址的时候，不要找那些一般人都不去的地方；等等。

这里面可能存在有些人找"小道"，做了一个常人无法理解的选择最后成功的故事。但要注意，故事背后很可能是幸存者偏差。比如：大部分人都通过高考获得了普通人能实现的"成功"，但也有一些人没有参加高考最后也获得了巨大成功。你的眼睛不要只盯着那几个不参加高考获得成功的人，要想到的是更多不参加高考、改变不了命运的人。

水大鱼大的意思是，先有大水，才有大鱼。

*

再来说"长板思维"。

所谓"长板思维"，就是颠覆了那个"木桶理论"的思维方式。我们之前的教育反复强调：一个桶装水的容量是由最短的那块板决定的。所以，你要去提升自己的短板，追求完美。我认为，补短板和追求完美的结果往往是四个字：全面平庸。这个时代，早已不是什么都要会一点的时代了。这个时代的特点就是，只要你有一个方面特别强，就可以过得很好。

任正非有一次专门讲到这个长板思维，原话如下：

我这一生最典型的就是短板不行……短板我不管了，我就只做我擅长的这块板，去拼别人的长板，拼起来不就是一个高桶了吗？为什么要自己变成一个完美的人呢？我说完美的人就是没用的人。人有缺点，才可值得好好观察一下，在哪方面可以重用他一下。

长板思维的核心在于，你要在你擅长的领域深挖，挖得越深越好。所谓的专业精神，说的不是你学了多少个专业，而是你在一个方向上钻研很深；在几个领域都浅尝辄止的人，不能称为跨界"牛人"、"斜杠"青年。"抓而不紧，等于不抓"。人生就像挖井，只有挖到一定深度，才可能看到成功的源泉。一个地方挖通了，才更有可能在其他地方挖到水。把你最擅长的部分做好，其他地方不要有太明显的硬伤就行。至于其他方面有缺陷，改正呗。

*

　　我之所以要把"大路思维"和"长板思维"放在一起来讲，是因为我发现很多人容易进入思维的误区，总觉得大路思维就是要随大流要多尝试，而长板思维又要求瞄准一个点用力，好像这两个思维是完全相反的一样。我认为，它们实际上是相辅相成的一对思维模式。**大路思维是战略选择思维，长板思维是战术执行思维**。在战略上要选择那些存在更多机会的、已经被验证过的成熟模式；但只要明确了战略方向，就要在战术上孤注一掷。这两种思维模式结合起来，就是尽量选择你拥有"撒手锏"的成熟赛道来努力，最好能"一套战法打天下"。

　　当年明月在《明朝那些事儿》里总结过明朝军队和拿破仑军队战无不胜的战术战法，就是"三板斧"：

　　先用大炮轰，再用骑兵冲，最后步兵砍。这套战法可能也有各式各样的问题，但又如何？只要战争的结果证明了它是可行的，那就坚定不移地执行下去。千万不要在自己能利用长板的时候犹犹豫豫，给你个机会发挥自己的长处，就一定要抓住，否则错过时机，"撒手锏"就可能失效了。

　　比如，二十世纪八九十年代，当时有很多做保健品的公司，请明星，打广告，到农村、县城去做推广，找科研机构背书，等等，现在看来"一般"得不行。但当时能做起来，就是以小博大。过了那个时代，再用这些所谓的"撒手锏"，就不太管用了。

　　最后，归根结底：这两种思维结合起来，就是要尽量"走大道"，走前人已经走过的路，广泛吸取前人的经验和教训。同时，要持续打造自己的"撒手锏"，一是帮助自己在已经选好的这条大道上走得更快，二是可以让自己具备随时转向的能力。

4/ 最实用的两种思维——正向思维与剃刀法则

简单往往就是快乐的源泉，

但要做到简单却很难。

我曾经与许多在事业上很成功的人交流，试图去总结他们的共同点，想要抽丝剥茧、提纲挈领地找出一些普适性方法，但发现真的很难。不过，通过大量的交流与分析，我还是提炼出了一些成功人士总结经验时的共同点，其中的一点我感触十分深刻，那就是：他们始终对自己过去的每一段经历充满感恩。

我原来公司的老板曾说，20 世纪 60 年代的坎坷经历，对他后来的成长发展影响深远。而另一位非常有魅力的年轻领导，当年受人排挤，去了一个边缘部门，一待就是十年，后来被重新重用，每次回忆起他那十年，居然没有一点抱怨的样子，反而充满感情……

我曾苦苦思索，为什么他们都会对过去的经历有这种感觉，这到底代表了什么样的特质和为人做事的方法？直到有一天，我豁然开朗，这根本不是什么做事的具体方法，而是一种很厉害的"心法"，也就是我接下来要分享的思维模式——正向思维：永远对自己经历的事情和遇到的问题保持正向的思考。这里面包含了三个基本方法论。

*

方法论一：用正向的思维看待过去。

很多人之所以过得不好，就是因为总是沉浸在对过去的追悔和懊恼中，要么不甘心，要么不放手。过去已经永远是过去了，它无法影响你的未来。真正影响你未来的，是你站在当下的想法和所做的行动。站在当前，不管过去走的是近道、小路、弯路，还是回头路，都是你走过的唯一的路。你正确看待那些路，那些路就不会影响你。

这种心法最厉害之处，在于可以永远使自己处于一种积极向上、勇往直前的精神境界里。想象一下，如果你对过去的失败总是充满悲观、避而不谈，那么如果再遇到类似的挫折会不会更加信命，更加没了去面对、去解决的勇气？而如果你换种思路，把过去的每一段经历都当成修行，再大的困难都不会打倒你，你反而会从这种不利的环境里汲取了力量、得到了提升，那还有什么东西能阻挡你的脚步？如果现今条件和环境你都能适应，你岂不是会发展得更好？

方法论二：用正向的思维看待未来。

即使现在你正经历着种种煎熬、痛苦，你也要尝试站在你经历的这个过程后的结果上来看自己。想象一下，未来的某一天，你会感谢这段经历，那么，你会感谢这段经历中的什么呢？

比如，我工作初期曾经遇到一个严厉的领导，他对人极为苛刻，动不动就训人、责人，而且永远用猜疑的心态来对待下属。说实话，跟着他干活的每一天都很煎熬，都恨不得骂他一顿，然后潇洒地辞职。但这样冲动的后果一定是我很难承受的。

我尝试想象：几年后我会如何正向地看待这段经历？直到最后我终于找到了一个点。那就是，我至少从他身上学到了这样一个重要的经验：领导一定不能这么当。从那以后，我每天观察他是怎么待人、做事、管理下属的，为自己今后从事管理岗位积累经验——所有他做的让我不舒服的事，都是我今后要极力避免的地方。

当用这样的思维来看待所处环境后，我发现那段日子似乎也没有那么难熬了。事实也证明，因为管理能力有问题，这个领导没过多久就被调走了。但如果我自己没有调整思维，那段日子，先坚持不下去的可能就变成了我自己。

方法论三：所有的"危"里都藏着"机"，要学会转危为安，更要学会化危为机。

关于"危机"这件事，这几年典型的案例就是华为被制裁。按照常规的思维来理解，这简直可以算华为的"灭顶之灾"，好像华为已经到了最危险的时候。

但任正非不这么看，他在接受采访时明确说，他不觉得华为现在很危险，相反他觉得华为现在特别好。什么时候华为最危险呢？就是前几年形势一片大好，华为人收入高培养出了一大批"财务自由"的人，松懈懒散、享乐的风气开始在华为蔓延的时候，那才是华为最危险的时候。而后来，因为外国的打压，带来了至少四个机会：一是全体华为人重新警醒了，团结了起来。看看现在华为人的工作状态，团结一致，奋发向上。二是所有人都认清了核心技术一定要自己研发。破灭了幻想，也不用再花精力、费口舌去统一思想，之前作为"备胎"的芯片和操作系统就可以提前"转正"

了，同时倒逼着华为在 USB、存储卡等各个子系统上加快自主创新的步伐。三是相当于免费帮华为做广告，现在全世界都知道华为的 5G 技术最"牛"，"牛"到他国赶不上。之后几十个国家的多笔订单证明了这免费广告的价值。四是给所有国人上了最生动的一次"教育课"，让我们明白了强大的国家对人民的重要性。

总之，面对最大的危机，你换个思路处理，就可能迎来最大的机会。如果你只按照"危"去处理，可能就会手忙脚乱、疲于应对，而如果你是按照"机"去处理，就可能主动出击、借势布局。人生中的很多问题同样如此。秉持正向思维法则的人，永远不怕临时出现什么大的变动，因为没有变化意味着一潭死水，激烈的矛盾背后往往蕴藏着大的机会。

*

我分析的"正向思维"和许多文章里常说的"不抱怨"看起来是一回事，其实并不是一回事。不抱怨只是一种态度，你甚至可能会因为逆来顺受、忍辱负重而不抱怨。但正向思维，首先是一种科学的思维方法。它不是简单的自我麻醉、自我"洗脑"，说着"我忍忍就好了"；而是要用理性思维去分析，去发现一件事、一个问题，甚至一个人身上能让你获得进步和发展的点。这是需要你细致观察、反复思考之后，才能得到的东西。

这种思维模式，说起来容易，应用起来很难。最好的方法是搭配使用逻辑学家奥卡姆的威廉（William of Ockham / Occam，约 1285—1349 年）提出的"剃刀法则"。这种法则可以很有效地帮助你更好地将思维固定在"正向"上。剃刀法则的核心是"如无必要，勿增实体"，其应用也很广泛，从科学推演到工作习惯再到收纳整理。

*

应用剃刀法则的核心方法有三条：

第一条，快速清理负面情绪。很多人遇到事情，第一时间先产生负面情绪，比如愤怒、消极。还有些人会产生大量无法证实的猜测和想法，患得患失。所有这些混杂想法都会对正向思维的建立产生严重阻碍。

所以，一旦意识到自己陷入了消极、猜疑的状态中，一定要及时启用"剃刀法则"，坚决逼迫自己将这些负面的情绪、不必要的想法从大脑中排除，只留下那些有利于解决问题的想法。想象自己拿着一把锋利的剃刀，审视自己大脑中纷繁复杂的想法、念头，一旦冒出一个负面的念头，就毫不留情地一刀剃下，坚决不让其有生存的空间。

第二条，做事不要有太多的顾虑，特别是对年轻人而言。叔本华说过一番话："对一个年轻人来说，如果他很早就洞察人事、谙于世故，如果他很快就懂得如何与人交接、周旋，胸有成竹地步入社会，那么不论从理智还是道德的角度来考虑，这都是一个不好的迹象。这预示着他的本性平庸。"

本书里有一章专门讲目标管理这个话题，里面提到的终局目标，需要付出极大的心力，保持旺盛的斗志和一往无前的决心才能完成。很多事怕就怕在执行的过程中不断给自己施加外在的影响，瞻前顾后，考虑太多——我如果这样做了，×××会觉得怎么样？×××又会觉得怎么样？——这完全没有必要。

当然，我这里所说的不要顾虑太多，不是让你不要去全面思考。比如思考完成目标所必需的资源、信息和支持不到位，后面的推进会非常困难。这里说的不要顾虑太多，主要强调的是那些额外的、完全没必要的东西，比如，他人的看法，自己对失败的担忧，自己幻想的成功后的得意，等等。

不要去想我要是中了 500 万后会怎样。人一旦有了不切实际的预期，就很容易走到"晚上想走千条路，早上起来走原路"的问题上。预期一旦达不到，人就会愤怒、沮丧，负面情绪就上来了。

第三条，减少生活中不必要的干扰。我一直觉得，生活本身就是制造烦恼的发动机。你让自己的生活充满了负荷和喧嚣，背负了太多的感情、关系和琐事，是很难进行正向思考的。

卡尔·霍恩在《拥挤》里说：**当自己身处拥挤的人群中时，你的情绪和行为会有所变化。你会变得孤单离群，或是想法抽身离开，抑或是变得易受激怒和成为好攻击对象。**

压缩不必要的应酬，减少没必要的争端，少去关心人家的"八卦"，少议论他人的事情；多关心自己的情绪、状态，多把时间和精力集中在对自己更有价值的事情上，这样你的负面情绪、负面想法可能会少很多。

简单就是快乐的源泉。但要做到简单却很难，试试用"剃刀法则"，全面梳理一下自己生活中那些占据时间、精力的事情，看看到底哪一些是完全不需要的，哪一些是可以减掉的。断舍离之后，留下的才是清爽的人生。

5/ 最 具 创 造 力 的 两 种 思 维——火 花 思 维 与 长 线 思 维

> 随便找个地方，挖两锄就能找到出水井的时代结束了。你需要在相当长的时间里，尝试用锄头挖它一百下。∎

这两种思维方法，是我用来进行深度思考，帮我弄清楚很多问题、梳理清楚很多战略步骤的好方法，是给我的人生带来过巨大改变的方法。

第一种叫火花思维。如果我们倒过来理解，火花思维的成果其实就是产生思维的火花，也就是一闪念、猛然间、突然有的一个念头、想法、解决方法。比如，我在一开始做社群的时候，社群的定位和名字迟迟定不下来，我想了很多方案，直到有一天，突然想到了一个词：爆发。于是，最早的社群就有了"爆发式成长营"这个比较特别的名字，以及与之相对应的社群定位：体系化的输出与成长相关的高质量"干货"（这个社群名是2019年创建社群时使用的，老社群成员应该都知道，后来随着社群内容的更新升级，社群名有所改变）。

火花是长时间思考后的结晶，是人思维体系中的皇冠，是皇冠上的明珠。因此，这种思维产生的成果还有另外一个广为人知的名字，叫**灵感**。我们描述这种灵感出现时的场景叫灵光一现，或者福至心灵。总之，这种东西就像天边划过的流星、黑暗中偶然划亮的火柴，可遇而不可求。但许多科学上的重大发现以及人生中的重大转折，可能就出现在这种一现之间。现在，我来讲讲自己多年来关于火花思维的思考。

*

第一个核心观点：火花式的思维方式可以训练，思维的火花也可以有意识地制造出来。我们的大脑就像一个"黑箱"，我们至今也没有研究透彻它的运转原理，但并不影响我们去使用它，利用它，影响它。火花思维同样符合"黑箱原理"。

我们不用管思维火花是如何产生的，只需要去总结归纳能让它产生的方法就行。

你不知道思维火花产生的原理，但可以制造让它产生的条件，比如大量的信息刺激。最典型的例子就是很多写稿子的人都会在动笔之前大量阅读相关的文章和资料，除了找素材，也是在刺激自己产生足够有分量的点子。反之，如果在一段时间里感觉思维枯竭，怎么也没有想法，那说明你该去读读书了。

又如，保持身体放松而让大脑比较活跃。这种状态因人而异，但大致上像一个人散步的时候；晚上迎着微风骑自行车的时候；边洗澡边哼歌的时候；睡觉前胡思乱想的时候；春末夏初或者夏末秋初躺在湖边、海边、河边的椅子上喝茶的时候……

在这种身体放松而大脑活跃的时候，最有可能产生一些不可思议的想法。特别要说明的是，很多人恰恰是有意无意在反着来——在身体最疲乏、大脑最不活跃的时候，还逼着自己想方案、刷题、写东西，效率之低可想而知。当然，上面说的方法，难就难在如何在保持身体放松的同时还能让大脑活跃起来。因为估计大部分人身体松一尺，大脑就已经松一丈了。除了日常多进行一些刻意的训练外，有意识让自己在放松的状态下尝试思考，最好的方法是学习一下冥想，看看如何放松身体，引导、控制自己的大脑和思维。

再如，沉浸式的体验。经常写文章的我，也偶尔会出现完全没有灵感、写的东西干巴巴的情况。所以当感到思维枯竭的时候，我往往会选择去看一场电影或者酣畅淋漓地打一场球……让自己完全地沉浸在放松的海洋中，这时候再稍加一些外在的刺激，音乐啊，文字啊，就会感觉写作的欲望难以抑制。很多新奇的观点和"金句"不断涌现。

第二个核心观点：思维的火花转瞬即逝，没记住等于没产生。火花式思维的最大特点，就是它产生的成果往往出现在你没有打算让它出现的地方，产生于你最不想去记录的时候，如洗澡、睡觉前……然后你就会心存侥幸：等我找到合适的地方，等我睡醒就记下来。不要高估了你的记忆能力，**你百分之八九十都记不住！** 等那个时间一过，你再努力，都只能回忆起"我刚才好像想到了一个点子"这件事上，但关于点子的内容，则完全回忆不起来。

在无数次经历这种痛苦回忆又回忆不起来的事情后，我终于下定决心，每次想到好的点子都要记录，随时随地带笔记本、笔，准备好手机记事，随想随记。尤其在睡觉前，如果产生了什么思维火花，哪怕我马上都要睡着了，也要爬起来记下来。我现在写出的文字、一些独辟蹊径的观点，很多都是这么一点一滴记录下来的。

第三个核心观点：火花思维产生的东西虽然很亮眼，但不一定可靠，一定要验证。灵感乍现产生的一个想法、点子，很多时候都让人感觉非常激动，有时候甚至觉得要是这个想法能实现，下一个成功人士就是自己了。

结合我前面说的，这种思维火花经常出现在睡觉前。睡觉前，大脑一般都很活跃，容易产生"很多感觉可以改变世界"的想法，但现实是：这里面可能大部分的想法都是无效的。很多事情，你想得再好，只要去检验一下就立马知道到底可不可靠了。

我举一个真实的例子。在做知识星球社群的期间，我在路边等车时想到了一个自以为绝妙的点子。因为当时整个社群的体系我们已经想清楚了，剩下的就是督促大家如何一步步按照社群的规划，从自我剖析到制定目标再到自我管理，实现从思维到行动的蜕变。但怎样才能做到呢？我想了很久，突然想到了一款健身 App，这款 App 通过分析你的身体状态，量身定制具体的健身计划，然后督促你按天、按月去完成，只要坚持下来，半年内一定能看到自己的改变。我当时就想，我们为什么不能按照这个思路去为社群量身打造一款 App 或者小程序呢？将自我改变的东西流程化、量化，比如通过自我剖析，帮助大家选择合适的成长进阶路线，然后督促大家完成相应的任务，最终实现个人的"爆发式成长"。

这个想法有几个特点：一是操作性比较强，健身 App 的核心在于训练计划和内容，本来这是"个人成长"类 App 最难的一块，因为很难量化，但因为我们已经有了很好的基础，于是在定制 App 的过程中，我们得以进一步打磨各个板块的优质内容；二是可以用这个 App 来辅助社群的学习和进步，可以说，有了这款定制 App，我们的社群质量又将上一大台阶；三是大家的使用又会反过来促进 App 的活跃和进步，很可能等社群结束后，我们就打造了一款非常实用的成长 App 了。这种一举多得又贴合实际的想法一产生，我就激动得不得了。

我属于那种行动力比较强的人，想到立刻开始打电话联系相关人士。接下来的几天里，我和一些在互联网公司做产品的、开发 App 或小程序的技术人员，分别进行了非常细致的沟通。我按照预想的思路，努力完善相关的需求，推动资源的聚集。但一周后，我却不得不放弃——因为想法很好，落实很难。把我的想法转化为能给使用者真正带来价值的产品，转化为设计师和程序员可以去开发的具体需求，太难了。

这件事至今仍是我心里的一个遗憾。思维的火花虽然好，但并不好做，有时候可能就是"想象中的美好"。互联网时代的一个"金点子"远没有一个能真正落地的普通想法有用。所以当你产生了某种让你激动半天的思维火花，一定要想办法去检验，去印证，去拓展，把一个点子、一个想法通过调研，通过共同讨论，变成一个真正可以实现的方案、一个可执行的计划、一个信得过的报告。

*

除了上面的方法，还有一种思维模式也可以配合火花思维来使用，帮助你产生具有创造价值的想法，**那就是长线思维**。放长线才能钓大鱼。许多重要的判断、抉择和考虑，都不是一时半会儿的思考和准备就可以定下来的。它们需要放在一个很长的时间段里（有时甚至是好几年），下沉到潜意识里，去慢慢酝酿。

我原本以为，这是一种很常见的思维方法。直到我很多次跟别人交流时，都要提醒别人，如果想做什么大事，可以提前一年半载开始思考，不用时时刻刻都想着，要把它放到潜意识里，在尽量不干扰当前所做的事情的基础上，去一点点丰富和完善它。然后，我发现所听之人大都面露难色，后来我才知道，原来这种思维模式对很多人而言并不适用。在"短平快"的时代里，人们习惯了什么东西都是"我想要的，现在就要"。**"迫不及待"**这四个字，可以概括大部分人的思维特点。所有短时间内不能实现或者见不到成效的事情，到一段时间后都可能会被彻底遗忘。这种缺乏长期、深度思考的人生，造成了大部分人当前的困境。

你看看安迪为越狱（电影《肖申克的救赎》中的故事）谋划了多少年，他是如何一点一点地去突破和实现要做之事的。人要想突破生活的平庸，除了"贵人"提携，也就只能靠自己长时间尝试单点突破了。

美团的市值一度仅排在阿里、腾讯之后。但事实上，在做美团之前，王兴已经连续创业了十多次，可以说，互联网的发展趋势和今后可能突破的地方，一直在他脑子里酝酿，等到时机成熟就往前推一把。

改革开放四十多年，我们的社会也进入了新常态，那种只要胆子大，随随便便就能一夜暴富的事情，已经很难再出现了（即使有，也是孤例不证）。随便找个地方，挖两锄就能找到出水井的时代结束了。现在很多井可能都需要你在相当长的时间里，用锄头挖它一百下。但我和很多文章里说的不一样，我发现很多人不是输在了 99 锄的地方，而是输在了前 3 锄。挖完第 3 锄，第 4 锄准备等等再挖，然后就彻底不想挖或者忘了挖了。

当然，持续在一个方向上投入，会涉及成本问题。谁都不可能要求你去为一件不知道是否能实现的事付出太多代价。我现在说的长线思维，是一种几乎没有成本的方法，因为它需要付出的只是你的思考。你不需要为你想做的某件事真的去付出太多的行动，但要持续不断地完善信息，没事就琢磨琢磨，遇到相关的人就聊两句，看到相关的资料就摘抄下来，把它们放到心里，放到潜意识里，经常"训练"它们，喂它们点"养料"。也许很多时候，这种思考是无效的，没什么用的，但只要你没有把它彻底忘掉，长期思考后，就可能从中产生思维火花，然后把这个火花好好摘取下来，从这里继续破题、校验、完善、拓展。星星之火，可以燎原。一个创业的项目很可能这样就产生了。

自我工作以来，许多重要的工作项目都是靠这种方法做出亮点来的。

有了一个想法，不着急，放在底层慢慢琢磨、酝酿，直到突然找到了那个关键的突破点，然后集中精力，饱和式投入，就可能在短时间内突破，一个点，一个面，最后变成一个大的事业。

我前面提到的成长 App，那个我在路边一下子想到，然后迫不及待想要去试试能不能行的念头，你们以为我现在忘了吗？不，在我的潜意识层面还在运行，我还在不断思考、优化、改进，不断搜集相关的资料。很可能，在不久的将来，它就真的会换个样子出现在大家眼前了。

```
                                                           ┌─ 天性
                                                           ├─ 成长环境
                                          ┌─ 五个因素 ─────┼─ 语言
                                          │                 ├─ 教育
                                          │                 └─ 刻意训练
        什么是底层思维 ──────────────────┤
        ■ 你怎么想的，很多时候并不是由"你"决定的
                                          │                 ┌─ 归纳
                                          │                 ├─ 演绎
                                          └─ 思维模式 ─────┼─ 开放
                                                           └─ 独立

                                                           ┌─ 先说结论
        如何拥有框架性思维 ── 思维体系框架化 ─────────────┼─ MECE 原则
        ■ 像福尔摩斯那样，打造思维图书馆                    └─ 思维地图

                              大路思维
                              ■ 对"小道"的消息掌握不确切不充分时，   战略选择思维
                              尽量选择那些已经过验证的方案
        大路思维与长板思维 ──┤
        ■ 最矛盾的两种思维      长板思维
底                            ■ 在你擅长的领域深挖，挖得越深越好     战术执行思维
层
思                                                         ┌─ 用正向的思维看待过去
维                            正向思维                     ├─ 用正向的思维看待未来
                              ■ 用理性思维去分析，发现能   └─ 要学会转危为安，更要学会化危为机
                              让你获得进步和发展的点
        正向思维与剃刀法则 ──┤
        ■ 最实用的两种思维                                 ┌─ 快速清理负面情绪
                              剃刀法则                     ├─ 不要有太多的顾虑
                              ■ 如无必要，勿增实体         └─ 减少不必要的干扰

                                                           ┌─ 可训练，可制造
                              火花思维                     ├─ 转瞬即逝
                                                           └─ 缺乏可靠性，需要验证
        火花思维与长线思维 ──┤
        ■ 最具创造力的两种思维                             ┌─ 思考即成本
                              长线思维                     ├─ 饱和式投入，不断完善
                                                           └─ 持续破题、校验、拓展
```

第三章

格局认知：
再大的饼，大不过烙它的锅

"我用尽了全力，过着平凡的一生。"

——毛姆《月亮与六便士》

1/ 什么是格局——面对问题的三个度

什么是格局？看问题的高度、分析问题的深度，以及解决问题的法度。

有人问，为什么要去讲格局，格局有什么用？我觉得，格局就是典型的"无用之用"。它既不能直接帮着人赚钱，也不算什么技能，格局高了生活有什么改变也很难直观地看出来。

但是，一个人的格局，终究会通过他的为人处世、他的胸襟抱负、他的谈吐追求体现出来。

刚出生的时候，决定我们每个人上限的东西叫天赋。成年以后，决定我们一生"天花板"的东西，应该就是格局。因为格局最大的作用在于，它会在潜移默化中决定你的所有重大选择。

大家都觉得"格局"非常熟悉，但要真的拆开了掰碎了细细地讲，又很难讲明白。我一直在思考，什么是格局？**我曾经总结道：一个人看问题的高度、分析问题的深度，以及解决问题的法度。**但其实关于什么是格局，定义并不重要。

很多时候，面对一样东西，我们能感觉到它，但并不能立刻理解它。

而只有理解了的东西，我们才能更深刻地去实践和体会它们。关于格局，重要的不是你怎么去定义，而是你怎么去理解。你理解格局的过程，实际上就是展示你自身真实格局的过程，同时也是你慢慢打开格局修炼之门的过程。

有个 95 后的女孩跟我说，她下班后很喜欢"喊麦"。我问她为什么，原本以为她会说"喊麦很过瘾""很能发泄情绪"之类的话，没想到她说，因为"喊麦"里的那些话格局都很大，她一跟着喊，就觉得自己心胸都开阔了很多。

我听完一下子怔住了。所谓的格局大，就是这么简单喊几句话？我看"喊麦"的内容，确实很多都是什么"江山""天地"等非常"大"的词。在那个女孩看来，飚这些词就是大格局。

但就像我前面说的，格局定义并不重要，你要是乐意，别说喊江山了，太阳系、银河系、宇宙你都可以天天挂在嘴上。不过，真正的关键在于，这些词你都理解了吗？

*

格局并不是说出来或者喊出来的东西。格局是一个需要你去深刻理解，才能触碰到本质的东西。而这个理解的过程，其实是一个思维和认知升级的过程。从简单地知道一个东西，到了解它基本的定义，再到认识它的内涵外延、历史沿革、纵横对比，再到思考如何运用它，并从运用中去总结经验教训，这是一个个不断螺旋上升的闭环过程。就像是玩游戏升级一样，除了游戏里看得见的战斗力提升，你对游戏的理解、对玩法的熟悉度也都在加深。

格局大的人，看问题总是会站在更全面的视角，不会简单地钻牛角尖；他们分析问题会触及本质，不是浅陋的"因为所以"；解决问题的时候会深思熟虑，谋定后动，而不是粗暴的不管"三七二十一"。而贯穿这一切的就是人们的思维方式。所谓"格局"的本质，就是一整套思维体系的整合。它是人从小到大或无意或有意形成的一整套思维方式的合集。在本章中，我将展示我自己认识和理解格局的全过程。我希望能通过这种方式，让大家对这个非常抽象的词有更直观的认识，并借此去对照反思自己的格局是什么样的，又是如何认识格局的。

第一条：一个人的格局首先反映在如何"归因"上。归因就是对人的行为和社会现象去推测原因的过程。天打雷了，这是雷公生气了——这是许多古代人的归因。其实天打雷了，是因为带电云层碰撞后的放电现象——这是许多现代人的归因。人直立行走、意识觉醒后，发生的最本质的进化之一就是学会了去解释世界。学会归因几乎是人们与生俱来的本能。不管是人们看到的，还是发生在人们自己身上的事情和现象，只要人们愿意，都可以给它找一个理由或者原因。但不同的人归因的结果是完全不一样的。正确的归因就绝不能只靠自觉或单线的思考。

高中历史题里面经常出现找事件的"根本原因""主要原因""直接原因"，这种找不同原因的过程就是训练归因能力的方法。大部分人在学生时代都谈不上有什么格局，首要的原因就是，大家在归因上只会"线性思维"，例如，总觉得只要自己努力就应该会得到回报，自己又没做错什么，凭什么有人要针对我，像"只有……才"或"只要……就"之类的固定搭配都是为这样的思维准备的。

然而真实的社会绝不是这样，许多事情之间没有因果性，只有可能的相关性。

工作上一件很难推动的事情突然有了转机，可能跟你这些天的努力一点关系也没有，也不是量变引起质变，就是哪个领导过问了一下；千辛万苦写的稿子被领导直接打回重写，可能与你的文笔、遣词造句都没啥关系，只是因为和最新的需求不符；一项工作同事不配合你，可能并不是你私交不到位或者同事心眼小，很可能在任务分配上就有问题。

在职场里，几乎没有什么事情是孤立的。比如，我刚工作时，遇到了食堂的两个厨师打架，公司需要出一份处理意见，学生时代的我们可能提起笔就写，写一大堆指导思想、工作步骤、参与人员之类的话，核心就只有两个字：开除。但在企业里，当真需要处理这件事时，你才会发现，要考虑的因素实在太多了：用人部门的意见怎么样，"合同法"有什么规定，如何消除影响，甚至这两个厨师知道你要开除他们，会不会握手言和，然后联合起来把你骂一顿？跳不出线性思维的框架，你就很难清晰地看到自己所处的位置，更难想明白一件事的真正本质。

*

归因实际上就是认知的一种表现。你怎么去归因，决定了你怎么去认识社会、认识他人、认识自我以及认识世界。不要把细节问题上升到原则问题，但也不要把那些能够改变命运的事件，按照最简单、最舒服的方式去理解。典型的例子：我这次没成，主要是运气不好；我迟到了，主要是路上有点堵……

你越是习惯这样去简单归因，你的心态就会越来越负面，所能看到的世界也就越来越小。这中间的度如何把握？我有一个方法，就是当你不知道如何归因的时候，按照"环境""他人""自我"这三个层次分别找到三个相关的因素。

从环境背景来看，是什么因素造成了这件事？从他人的角度来看，是什么原因造成了这件事？从自己的角度来看，为什么会发生这件事？再根据你的理解进行排序：这件事、这个问题的产生到底主要是环境的原因、他人的原因还是自己的原因？

其中我们要注意两点：一是把这个排序记录下来，隔一段时间再看是否会有变化；二是将整个事情和你分析出来的因素，讲给你信任的人听，让他也做一个排序。对比看看，你们的归因和认知有什么不同。

一个格局大的人，在分析重大问题时，一定会采取多种思路进行归因。即使他最终得出引起某件事的结论只有一个，也是因为他曾经思考了其他的99种可能后，最终确定下来这是唯一的结论。另外，多说一句：自我剖析其实也是归因的一种训练方式。所以，我才会在本书中以"自我剖析"为开端，因为如何看待过去和现在的你，如何去分析是什么造成了你的失意，成就了你的成功，这是一个人思维体系里最基本的东西。

*

第二条：格局大小还反映在追求的目标上。 在《认知觉醒》一书中有这样一个故事：有一位作家小时候在很穷的乡下生活。每年，村子里都要分红薯，把红薯归拢成一堆堆，看似差不多，但又好像有区别。所以为公平起见，全村人抓阄，抓到哪堆算哪堆。有个村民抓到了6号，另一个村民也抓到了6号。……怎么会有两个6号呢？

其实这两个村民，一个是6号，另一个是9号。问题是，6号堆明显大于9号堆，所以两个村民都说自己是6号，寸步不让，争执、吵闹、动手厮打，闹到村支书面前。村支书过去看了看，发现9号红薯堆明显小于

6 号堆，果断从自家的红薯堆里拿出两个放进 9 号堆，平息了纷争。

不是说追求星辰大海，就一定比追求老婆孩子热炕头更伟大，但追求的目标不同，所反映的人生格局也不一样。追求不在于你说了什么，而在于你真正做了什么，它是你内心深处真正的渴望。什么才是真正的渴望，就是想到它，会激动得背心出汗，甚至脑袋嗡一阵的东西。

不要轻易相信那些"我其实没什么大追求，就是想普普通通过一辈子"的话。你要看他们的行动，看他们有没有在听说什么股票要涨的时候，开始疯狂筹钱去买；有没有天天悄悄买彩票；有没有去参加什么成功学的讲座、购买成功学方面的书和光盘；有没有收藏"他年若得凌云志，敢笑黄巢不丈夫"之类的视频，等等。

很多人在社会中摸爬滚打久了，都学会了藏起来自己的真实追求，因为怕被人打击、也怕被人嘲笑，所以只能看似云淡风轻地笑笑：我没啥追求。但事实上，你有没有追求，你的追求有多大，只有你的内心最清楚。

*

这个世界上我最服两种人，也最怕两种人：**不图小利者，能忍大辱者**。说实话，这两种人的心态可以用延迟满足、情绪控制来分析，但我觉得，真正让他们做到这两点的根本原因在于：他们有更高的追求。

尼采有句名言：一个人知道自己为什么而活，就可以忍受任何一种生活。 所谓"不图小利，必有大谋""小不忍则乱大谋"，"大谋"就是你的目标，以及为了实现目标必须做的一些策略、手段和计划。这也是为什么在"目标管理"篇章，我反复让大家定目标，因为这是对一个人的人生而言最提纲挈领的东西。有了目标，自律也好，情绪管理也罢，精力管理也罢，你在这些方面的能力都会相应得到提升。

而人生的真正追求不是凭空产生，也不是随随便便就想出来的。它应该从自我分析中来：**我究竟想要什么，我觉得我能做什么，我现在拥有什么**，而这三者之间的交会点才是你真正追求的。

2/ 人生与价值观——君以此始，必以此终

一个大格局的价值观，一定是一个能影响很多人，让很多人发自内心产生认同的价值观。■

人生在世，很多人为了名和利奋斗。这并没有什么不好，我在之前出的一本书里写过：年轻的时候很穷，大大方方承认没钱，光明正大去想办法赚钱，这没什么好丢脸的。但是毕业了，工作后这不如自己愿，那不如自己愿，无所事事，这种行为才真正值得商榷。

当大家都在追求名利的时候，一个人的格局又能通过什么来体现呢？比如，张三想赚钱，为了赚钱不惜无底线炒作，最后成了网红，如愿以偿赚到钱；李四也想赚钱，于是学了一门做肉夹馍的手艺，练得炉火纯青，最后也火了，也赚到了钱。这两种人追求的东西一样，但了解了他们的所作所为，就能感受到这两人的格局不一样。所以，关于格局的第三个观点很重要：一**个人的格局体现在支撑他的价值观上**。

*

明代有个学者叫薛瑄，曾经写过一段话："**见理明而不妄取者为上；尚名节而不苟取者次之；畏法律保禄位而不敢取者再次之。**"我简单翻译一下，大概就是说：如果现在有一大堆不义之财，格局大的人，会因为内心有道德而不去取；格局较大的人，会为了不损坏自己的声誉而不去取；格局正常的人，会因为害怕被抓而不去取。在他看来，人为了什么而去做一件事或者不做一件事，就体现了这个人的层次高低。也就是我刚才说的，格局不只体现在追求上，更体现在支撑他为什么去追求、通过什么方式去追求的价值观上。

按照薛瑄的说法，不拿不义之财，有的人是因为要心，有的人是因为要脸，还有的人是因为要命。当然，还有一种人他就连提都没提，那就是为了拿到想要的，不择手段。

在很多直播网站里，我们经常能看到有人在宣扬：有钱就是×××，没钱就是×××。说实话，这样的价值观，这样的想法，也就决定了一个人的人生格局。钱重要吗？重要。追求它有问题吗？没问题。但你为什么追求，通过什么手段追求，追求到了之后要干什么，不同格局的人对此有不同的选择。

我以前经常引用一句话叫：**君以此始，必以此终**。举个例子，很多企业发展都是为了做大做强，但背后的价值逻辑是不一样的。当员工为了一时的收入，干出突破底线的事时，一个企业的价值观和格局也就被确定了。随着时间的推移，企业最后的发展也一定会受限于此价值观。企业是这样，人也是这样。只有超越了自己的思维格局，才能成大事，我一直相信，唯有大格局方能成就大事业。

*

那么，什么样的价值观代表了一种大格局的价值观呢？

我觉得，一个大格局的价值观，一定是一个能影响很多人，让很多人发自内心产生认同的价值观。

还是那句话，想要什么不是价值观，**为什么要，怎么要，要了干什么**，这才是追求真正的价值观。

真正的大格局，应该是用你的思想、意志去影响别人，统一大家的意志，或者把自己的意志融入到集体、组织的意志中，每人贡献一部分，最终形成集体智慧。

如果一个人强行推行自己的价值观，这种价值观本身是脆弱的。如果这个人能让大多数人都接受他的价值观，他的思维，心甘情愿地为了他的理念去奋斗，那他就是一个大格局的人。而将自己意志强行加给别人，谁要是不服，就使用极端手段征服或消灭，那么说明这种价值观根本就是他个人的狭隘想法。

3/ 格局三要素——如果格局决定人生，那到底什么决定格局

再大的烙饼也大不过烙它的锅。决定一个人格局大小的就是因、果、度、行。 ■

我花了不少的篇幅来和大家分享应该从哪几个维度、层次去理解格局。每个人的理解可能都不一样，我将其概括为三点：**一是归因；二是追求；三是价值观**，这也是我一直以来的观点。我认为决定一个人格局大小的就是因、果、度、行。换句话说，我们看一个人的格局大小，就是看他做事背后的动机，看他所追求的目标，看他的三观，同时还要看他的外在行为状态。

我为什么要这么反复强调格局？有句老话是这么说的：**再大的烙饼也大不过烙它的锅**。这个锅就像是一个人的格局，你的格局在哪儿，决定了你的所有行为表现以及最后产生的结果就在哪儿。

格局决定了思考和行动的边界。如果你连想都想不到那儿去，又怎么可能那样去做呢？我们能想象人头马面、牛首蛇身的怪物，却绝对想象不出来"四维生物"是什么样的。一个格局不够大的人，有时候真的很难理解那些格局大的人的行为。这就像下棋的时候，一个高手忽然走了一步看

似天马行空的棋，旁边一群"看棋人"却看得莫名其妙，这是因为他们和高手的思维、认识以及见解都完全不在一个层面上。所以，在有些高手看起来是好棋的，在低手看来却是一步废棋；低手自以为的惊天妙手，在高手眼里却可能是为后面的失败埋下伏笔。

格局如此重要，那到底怎样才能提升自己的格局呢？我们由内而外，一层一层剥开来看。最关键的，还是要从提升自己的思维层次入手。为了便于大家理解，我就拿下棋来做类比。

*

1. 要有全局思维

人生的格局恰如棋局，如果你的视角只聚焦在棋盘的某个角落，拼命厮杀，最后也不过就是多一个子、少一个子的区别。我们经常说的细节决定成败，这句话的前提是大局已经确定。**大局未定之前，你越关注细节，就越容易迷茫。**

一项工作，你不先去考虑它的因、果、度，不了解它的实现逻辑，而是一门心思扎进去，开始没完没了地抠细节，什么格式不对啊，标点符号错了啊，干得越久，你越不知道自己在干什么，后面还要怎么干。大方向是对的，偶尔有问题，终究会走出另一条路来；但如果大方向就是错的，细节再完美，对了的也是错的。

比如，很多人喜欢举柯达的例子，柯达直到倒闭之前，其产品细节依然无可挑剔，生产着世界上最好的胶卷。与之相反，早期的数码相机问题一大堆。但大势所趋，细节完美的柯达最终还是败给了数码相机，而问题很多、不断迭代的数码相机、手机却最终站稳了脚跟。大润发被收购，不是因为他们做不好超市了，而是因为电商太强势了；方便面的销量下降，不是因为人们口味变了，而是因为需求提升，外卖更方便了……

这样的例子实在太多。不是你不好了，而是你不适应时代发展了。所谓的大势所趋，除了人努力可以改变，有全局思维、超前思维模式也很关键。

2. 走一步多看几步

决定一个人能否成为棋坛高手，就是看他能不能走一步后看到后面再走的步数。如果每一步都是应付，最后的结局就一定是疲于奔命、身不由己。后面这种状态和现实中很多人的状况很像吧？

从走入社会开始，人们日渐陷入工作的深潭中，每天都在为了养家糊口而奔波劳累，过个几年，当年的意气风发，激情梦想，全都变成了一声叹息，默默地咽下，慢慢地忘记。人要想跳出这种循环，首先从思维上一定要改变过去所依赖的模式。所有的思考都不要用直线思维。直线是一维的，只知道直来直去，总这样会永远处在思维的低层次。

而二维化思维的人，则开始在各个层面、各个方面都有了横向的联系，考虑到了各种相关性、因果性，当到了三维化思维层面，加上了时间维度，做每件事就都会考虑到未来，并能做到回溯历史。

为什么说有的人格局很大，首先，底层的思维层次就已经比你高。你和格局大的人同时思考一件事，研究一个问题，提出什么建议，你思考的肯定没有格局大的人深、广、远。格局大的人至少能从三个层面去思考，你却只能就事论事，这就是思维上的降维打击。

广度是联系的范围；深度是找到的因果联系，从本质里把问题想得有多透、多远，这是最难的，也是最应该修炼的，人要学会看得长远，为自己的思考加上时间维度。而要回看过去得失，吸取过去经验，敢于预测未来。

人一定要敢于做这样的事，将这作为一种思维训练。这样，再遇到任何一件事，都能根据掌握的信息，以及过去遇到的事情和包括为此做出的分析，做出自己的判断（比如对自己的工作、薪资、所在城市的房价等去做分析）。一开始你的预测和推断可能不准，不要紧；但一定要敢于这样去做，并经常去做。当然，这种预测是理性的，是依据掌握的信息分析来的，而不是直觉的、想象的、神秘化的。

2015 年股市大涨的时候，我曾有同学花钱加了一个群，给我看里面对股市变化的分析。群主预测股市多少点的依据，居然是什么神神秘秘的名人生日，什么命格，什么年份，什么周易……这简直匪夷所思，但偏偏还有很多人信。

我希望我的读者能够不被这种简单的伎俩蒙蔽。世界是普遍联系的，不是胡乱联系、随便联系的。这种联系，会让人陷入神秘主义、唯心主义之中，并影响自己的判断。

3. 保持观察，洞悉对手，时刻自省

下棋最忌讳注意力不集中。下棋的人不仅得观察对手下了什么棋，还得记住他之前都走了哪些步。有些盲棋高手，一盘棋下完了，过了几天，他居然还能完全靠记忆几乎一子不落地复盘整局棋。

我看《福尔摩斯》和《名侦探柯南》的时候，就总在想，为什么每次破案推论的时候，他们都能发现那么多的蛛丝马迹，而且这种蛛丝马迹往往不是案发后他们才发现，而是案发前他们就注意到了。也就是说，对福尔摩斯和柯南而言，只要他们去过的地方，见过的人，哪怕什么事都没有发生，他们也在习惯性地敏锐观察，等到后面破案需要时，他们就会像"回放"一样，找出里面的问题来。

当然，福尔摩斯和柯南毕竟是虚构的人物，他们的观察力高到了令人难以置信的地步。但在现实生活中，其实也不乏类似的人。我之前认识的一个警察朋友，我们一起去吃饭，经过某个地方，即使我们正聊着天，过后他也能告诉我很多关于那个地方的细节，而我则完全没有关注到。

当然，我写这一条的目的，不是让大家到了哪儿都四处观察，而是告诉大家，从学习到职场再到生活，永远要做一个有心人。

经过的事，见过的人，都要用心观察。这种观察和洞悉的习惯，能帮助你找到一种透视的视角，在为人处世中始终保持一种清醒的状态。

另外还有一条很重要的是，下棋的时候眼睛不要只盯着怎么吃别人的子，还要记得看一看自己有什么棋也在别人的"虎口"上。我小时候下棋总是被我父亲骂，就是因为那时候的我总是瞻前不顾后，盯紧别人，忘了自己。所以，你在观察和洞悉别人行为的同时，一定要记得"不放过自己"。

4. 偶尔下一步闲棋

《三体》里有一句话我很喜欢，"百忙之中下一步闲棋是很有必要的"。所谓闲棋，就是人凭借着兴趣、机缘或是其他莫名其妙的原因，在某个领域做了一些尝试。你不知道有没有用，甚至也不太关心有没有用，但很可能，某个机缘巧合下，你的命运就因这一些看似无用的"闲棋"改变了，我把它称为**撒种子法则**。有时候，你苦心种下的那一粒种子毫无收获，无意中撒下的种子反而带来希望。现实生活中，所谓撒种子，就是在你主业的"八小时"之外所做的其他尝试。

比如，乔布斯读大学期间曾认真练习书法，这段看似无聊的经历，却为他在后来设计苹果产品时带来了独特的审美品位，同时也为他传奇式的成功埋下了重要的伏笔。这是他在斯坦福大学演讲时亲自讲出来的一个真实故事。

你看过的书，学过的东西，就像是一颗又一颗的种子，你不知道什么时候会发芽，更不知道能给你带来什么，但这些对人生的影响却可以一直沉淀。**所谓成功的人生，就是这样把无数个可能的收益累加起来的结果。**

即使这些种子最后都没有发芽，也没关系，因为你如果给自己树立了这样的意识，西方不亮东方亮，你未来的世界将会比现在宽广得多。

最后，下棋的人心态一定要好。

有时候，为了取得最后的胜利，弃子争先、舍车保帅都在所不惜。这时候如果心态上斤斤计较，什么都不愿意放弃，就很难走出优势来。我现在看一个年轻人有没有潜力，一般是看两方面：一是看他会不会为了某样东西去全力以赴，舍得付出；第二则是看他会不会为了一些更本质更长远的东西，去放弃一些唾手可得的利益，因为敢于放弃，不争一城一地之得失，才是一个大格局之人应有的心态、气度。

4/ 认知的四大原则——提升认知的有效方法

读书补天然之不足，经验
又补读书之不足。 ■

　　第一次读刘慈欣的《三体》的人，如果完整看完三部曲，最受震撼的估计不是外星人的存在，也不是人类如何绝地反击，而是人类费尽力气挣扎，结果整个太阳系却被一张"小纸片"二维化了。

　　这就是"降维打击"。

　　在宇宙中，遭遇降维打击的一方不仅毫无还手之力，对打击什么时候到来、以什么形式进行无法预测，甚至当打击真正到来时，一开始都无法理解这种打击意味着什么。

　　降维打击，是用残酷的方式展示不同文明之间的巨大差异：高维度的文明对付低维度的文明，就像人不小心踩死一只蚂蚁一样轻而易举。

　　真实的宇宙中会不会出现这样的场景？我们无从得知。但刘慈欣的这部小说里的这个概念在现实里却得到印证。

　　比如让某家方便面销量下降的，不是另一家方便面品牌，而是外卖；某互联网巨头要对付一家很有潜力的创业公司，根本不用费尽心力地去竞争，直接出钱收购即可，如果对方拒绝被收购，就出钱收购它的竞争对手。

在学习上，小学阶段一道很难的奥数题，放到中学，就可能是一道非常简单的函数题；中学阶段一道非常难的几何题，用高等数学里的那些数学工具，可以很快就解出来。

之前我听说过这样一件事情。一个大学教授做高中数学题，忘了一个非常重要的公式，于是他用大学里的理论重新推导出了那个公式。

在人生的成长中，当一个人的眼界、思维、经验、掌握的信息和人脉等等都和别人拉开了非常大的距离的时候，面对同样的事情、同样的问题，这个人和他人处理的方式以及得到最后的结果，是完全不同的。

这之间的差距，源自认知上的不同。

就像猎豹 CEO 傅盛说过的一句流传很广的话：认知，几乎是人和人之间唯一的本质差别。

什么是认知呢？

我们一起看一张图片。这张图片之前在脸书（Facebook）上非常火，请花 15 秒的时间，看看这上面有什么。

问题：除了砖墙，你还能看见什么？提示：这是一个实在的东西（商店里可以买到，可以拿在手上）。据说有5%的人经提示后仍然看不见。希望你不是那5%

这张图片很有意思，能体现一个人的认知水平。图上隐藏着一支雪茄。你如果没有看出来，很可能怎么都看不出来；但你如果看出来了，那就每次都能看出来；而当你看出来后，你想再回到当初"看不出来"的状态里，也就不可能了。这里有以下两个原因：

（1）你的认知水平没达到这个程度，别人怎么讲你都不会明白。我认识一些创业的人，他们曾非常焦虑，他们什么都想到了、看到了，但布置工作的时候，下属一脸茫然，一干就跑偏，这是因为下属很可能达不到领导的认知水平。认知不到位，执行就不可能到位。你一个大学生去跟一群小学生说："这道题求个极限就能做出来了，你们怎么都不会啊？"你觉得这群小学生会对说你这个大学生说什么？你不会是外星人吧。

（2）你达到了这个认知水平，就再不可能回到过去的状态了。《复仇者联盟3》里，灭霸对钢铁侠说了一句话，叫"知识的诅咒"。就是这样，你不明白的时候还可以浑浑噩噩，你真明白了就很难再装不知道了，不懂装懂容易，懂了装不懂难，因为你过不了心里这一关。

为什么我要引用《三体》来讲这一章，为什么很多互联网人喜欢看《三体》？因为它里面的很多思想、观点、思考都是石破天惊的，是击破人认知瓶颈的，很多人看完后，三观都不一样了。

认知实际上是眼界、思维、经验等综合起来的一整套东西。

得其大者可以兼其小。

当你打开了自己的世界，提升了自己的思维，当年那些看似完全无法摆脱的问题都会迎刃而解，比如家境问题、自卑问题、感情问题、收入问题、职业发展问题等。而相对于过去的你，现在的你来解决这些问题，这也是一种降维打击，这是一个人越来越强大的终极密码。

*

一个人的认知，在成年以后还有可能提升吗？

我们大多数人的认知都是有瓶颈的，受困于这种认知瓶颈，人生就真的很难再有进步了。因为想到的事情，有很多是做不到的，何况你认知没到，压根想不到呢。

当年，达摩祖师一苇渡江，在少林寺面壁九年，最终大悟成佛。

在这里，我当然不是鼓励大家去学习这种传奇的突破认知的方法，因为我们只看到了达摩最后的悟，却不了解他在悟之前经历了什么。

我将从实际行动层面为大家提供一些可以提升认知的方法。这些外在的行动看起来都是老生常谈，但如何从细节里着手行动，为什么要行动，是决定这些行动是否有效，能否成功的关键。

相信很多人都听过这样一句话：**读万卷书不如行万里路，行万里路不如阅人无数，阅人无数不如高人指路**。现在，我就借着这几句话总结出我认为的认知的四大原则。还是那句老话，概括的话并不重要，重要的是分析、理解的过程。

第一，要读万卷书。

读书当然有用，关键的问题是读什么书。

有人说过一句话：小的时候吃过很多食物，现在都已经记不起来吃过什么了，但可以肯定的是，它们中的一部分已经长成我的骨头和肉。

很多人用这句话来说明，世上没有无用的书。

我的看法是，这个世界上到处都是"无用的书"。

我上中学时，学校旁边有好几家租书店，生意都好得不得了。店里面的书，除了武侠小说，还有各种言情小说、玄幻小说。保守估计，我看了大概有上百本。学校里看得多的人，估计看了上千本。

这些书，我不客气地讲，很多是"无用"的！你看一万本、十万本，除了学习成绩下降，更沉溺于做梦以外，不会有任何好处。

"腹有诗书气自华"的前提是，你读的是"有用的书"，而不是"无用的书"。

真正能提升一个人格局的书，应该是这五类书：

（1）**知识类的书**。我们从小到大接触的课本里教的内容百分之八九十都是知识。这些知识，是人类认识世界的产物，你学习知识的过程，也就是不断认识世界的过程。

（2）**技能类的书**。工作以后，大家更多去读的都是这些方面的书，比如，编程、PPT制作等。这些书是人们社会生活的经验积累，你学习这些，相当于直接吸收了别人的"内力"。

（3）**思维类的书**。除了传统的哲学、心理学，还包括一些直接讲如何提升思维的书。这些书可以帮助人们学习一些思考与分析的方法，启迪思考。

（4）**审美类的书**。审美是人类的一种高级认识活动，很多书看起来"闲"，但能帮助人们提高文学素养，影响人们的三观。这样的书包括诗词歌赋、绘画艺术等。比如，有些时候我们看了一本小说，内心受到震撼和洗礼，这就是文学的意义所在（劣质言情小说是不可能有这种效果的）。

（5）**历史类的书**。历史书里最重要的东西是历史经验，也就是以往的规律，而规律则教给人们如何去发现经验、总结经验、运用经验。在人类文明的这些宝贵财富面前，你读到的每一句话，都可能成为引导你改变认知的力量。

读书很重要，但真正能直接提升认知的书，其实就是知识类、思想类的书，你如果不知道读什么书，读再多的书也没有大用。

第二，要行万里路。

所谓的"读万卷书不如行万里路"，不是一句押韵的口号，它是有逻辑支撑的。

读书，带给人的启发和改变始终是间接的。经验也好，思想也罢，从学习到掌握再到实践，往往有一个过程。加快这个过程最好的途径，就是去经历。

人生的很多成长都是由经历带来的，比如从小就去过很多地方，所以眼界比较广；有人经历了人生大起大落，心理承受能力很强，等等。

从小到大我读了很多书，小时候家在农村，没什么钱买书，几乎是遇到有字的东西就会看半天。之后看了许多书，我成了大家口中的"书呆子"。我不太和其他的小孩一起玩，只要不干农活，经常一个人拿着一本书跑到山上去看半天。很长一段时间，这几乎成了村里的一个"笑话"。我至今都记得当年一些村里人常说的话："读那么多书有什么用，简直就是个书呆子。"我当年对此不屑一顾，但现在来看，他们说的其实是对的。读的书如果不和实践相结合，确实没什么用。

在大学毕业之前，我读的书除了在吹牛时有用，并没什么其他的用处。自己有时候都会怀疑，看这些书，看得心比天高，现实里却是命比纸薄。进入社会之后，我经历了起起落落，摸爬滚打，这时候才发现读过的书里蕴含了太多的道理。我用它们来分析我遇到的问题，来指导我的行动。这些独特的经历和之前广泛的阅读相结合，我才成了现在的自己。

虽然一个普通的家庭带给一个人眼界和思维上的提升很有限，但认识的人多了、经历的事多了，想法乃至习性就会发生很大的变化。我一直觉得，一个人要提升认知，首要的就是能够克服内心对安定的追求，能够敢于走出舒适区，去见那些未曾见过的风土人情，去经历未曾经历过的人生。当然，这样的经历并不是简单的"上车睡觉，下车拍照"式的旅游。

行万里路，目的很重要，一定不是为了"打卡"网红地，你才要去。

还有并不是所有的经历都能带来改变。特定的经历是最容易引起反思、感叹的，所以经历只是诱因，重要的还是思考。**没有思考，一个人经历再多，也不会改变。**

第三，要"阅人无数"。

人到了一定年龄，要学会独处，因为已经千帆过尽，什么都见识过了，要返璞归真。人在年轻的时候如果离群索居，什么人都不想交往，是很难获得成长的。人是社会中的动物，每个人都处在一定的社会关系中。认识不同的人，也就意味着得到不同的信息，思想也会得到碰撞。

我之前讲过，一个人要有开放的思维，要能够兼收并蓄地看待截然相反的结论，去思考为什么会产生分歧，分歧的本质是什么，而不是轻易地下结论，或固守结论，什么也听不进去。好人、坏人、"牛人"、俗人、庸人……事实上，你见到的人越多，也就越明白，这个世界本就是多姿多样的，每个人的想法都不同。

很多问题的本质都是人的观念问题、文化传统问题、习惯问题，而不是是非对错的问题。比如，南方人一般吃甜豆腐脑，北方人喜欢吃咸豆腐脑，云贵川一带的人吃麻辣豆腐脑。一个人见到的人越多，看问题的角度就越广泛，而不是被限定在一个视角内，还坚定不移地认为自己的想法就是对的。

这个世界不是非黑即白，中间还有各种灰色地带。能够看到各种灰色地带，理解、包容并利用它的人，往往都是能做成大事的人。"阅人无数"这四个字里，其实还藏着一个问题，那就是：到底什么样的人才值得交往？和读万卷书同理，如果遇到的、交往的都是损友，那么"阅人无数"不仅没有任何益处，反而可能遭受伤害。

到了一定年龄，不要什么聚会都参加，什么饭都吃，什么人都给微信，什么人都交往。人生短暂，一定要把时间花在有意义的事情上。

我将朋友的交往分为四种：

上策，交志同道合者。与这样的人交朋友可以相互鼓励，相互支持，相互理解，共同进步。

中策，交志同道不合者。虽然你在职场打拼，他在学校苦苦求学，但大家的追求和价值观都是一致的，这样的朋友哪怕多年未见，再见也会非常亲切。在我的"知识星球社群"里，大家遇到的就都是这样的人。大家虽然天南地北，年龄和学历各不相同，但都有着同样的想法和期待。

下策，交道同志不合者。包括同学、同事、邻居等等，虽然很多方面不一致，但你们还是会因为各种各样的原因一起走一段路。在这期间，你们淡淡相交，各取所需，今后分道扬镳，也不会觉得可惜或者难过。就像毕业之后，同学间的感情会变淡，但最终留下的一定是志同之人。

最后，不交那些道不同志不合的人。人都不安于现状，希望改变，希望他人能给自己鼓励。但也有一些人得过且过，耽于安逸，希望这辈子就这样简简单单、平平淡淡。有些人看到你想要去大城市工作或者"跳槽"，就立马上来泼冷水，站在自己的视角告诉你，折腾没好处。对这样的人，点点头即可，不用太听他们的。

上策交的人，可以交流思想，一路同行，一起去打开新世界的大门。

中策交的人，可以谈心，交流看法，偶尔联系会让彼此的关系更亲密。

下策交的人，可以交流学习和工作中具体的经验和方法。在这个阶段，让这些人能成为你的助力者，好的合作伙伴。

第四，要找"高人指路"。

最高深莫测的就是这句话了。所谓"高人指路"，就是找到"贵人"。你在还很弱小的时候，遇到不同的"厉害的人"，这会从根本上对你的人生产生影响。读书时遇到一个好老师，学东西时遇到一个好教练，初入职场时遇到一个好领导，都会让你受益终身。因为对那时候的你而言，老师、教练、领导就是你在那个阶段里遇到的"高人"。就像古龙小说里，叶开的师傅是李寻欢，李寻欢除了教会叶开绝世无双的飞刀，还传递给了他善良、阳光、博爱的价值观和精神力量。金庸小说《笑傲江湖》里，一开始描写的林平之特别像是传统武侠小说里的男主角——名门之后，父母双亡，侥幸逃出生天，得遇高人搭救……只不过他遇到的高人是处心积虑的伪君子岳不群，于是有了后面悲剧的一生。

从书里看，林平之不幸的根源是他没有遇到对的人，如果和令狐冲换过来，让他遇到风清扬，可能《笑傲江湖》的结局就要改写了。

但事实上，很多事情也不能完全这么理解。得遇"高人"需要机缘巧合，但"高人"是否愿意为你"指路"，就要完全看运气了。这里面最重要的，大概就是潜力、人品和毅力了。你要让那些比你厉害的人心甘情愿地为你搭桥铺路，给你机会成长。你要么让他们看到你的潜力，要么让他们欣赏你的人品，或者你凭借锲而不舍的毅力打动他们。在遇到"高人"之前，最重要的就是要按照上面的三点去做好自己。

"海底捞"的首席执行官杨利娟，当年为了帮家里还债，十几岁就辍学在一家餐馆做服务员。张勇创办海底捞初期，经常到杨利娟打工的餐馆吃饭，注意到了这个聪明伶俐的服务员，毫不犹豫地把她挖到了自己的店里——继续做服务员。杨利娟从最普通的岗位做起，一年时间干遍"海底捞"所有的工作岗位，凭借勤奋、踏实和努力，20年后成了"海底捞"首席执行官，在"海底捞"上市后身家一跃达到30亿人民币。

这里面有她选对了企业，跟对了人的原因，但最根本的原因，还是她先成为那个聪明伶俐、拼命苦干实干的自己，哪怕当初自己就是个服务员。

你想要得到"贵人"相助，至少也要先变成"贵人"能注意到的人吧。所谓得道者多助，当你自己在道德品质上让人打心眼里欣赏和佩服的时候，愿意帮你的人自然也就多了。

*

以上四个原则都分析完了。从认知的角度来讲，这些话可能都不如一句话：一朝顿悟。是的，这就是前面我讲过的达摩的面壁与破壁。

但要注意，我之所以前面否定了这种提升认知的方法，是因为认知提升是逐步的，是需要基础和阅历的。上来就想"顿悟"，就像是空中楼阁，必然会倒掉。

一定要先读万卷书，行万里路，阅"无数人"（当然最好还能得遇"贵人"），有了这些经历和基础，你才可能走向顿悟。

什么是顿悟？就是突然想明白了。这里面的关键词不是"突然"，是想明白了。我坚信，没有任何顿悟是突然的，人在开悟之前，一定是经过了无数次的经历和考验，有过无数次的纠结和痛苦。所谓开悟，其实就是在经历了"读万卷书，行万里路，阅人无数，高人指路"的过程后，通过长时间的积累和思考而取得的对人生看法。

人到了一个点之后，一下子就想明白了。见天地，见众生，最后见自己。

那么问题来了，我们到底又该想明白什么呢？答案就是我上文中讲到的：**因、果、度。**

所谓因，就是我从哪里来？这个世界为什么是这样？他人为什么成功？我为什么失败？我怎么就到了现在这一步？所谓果，就是我要到哪里去？我想要的到底是什么？做到什么程度我才会满足？所谓度，就是我要用什么手段去实现追求？我的原则是什么？我的底线是什么？

这里引用一段我几年前写下的话：

一个人最怕的是，人生早已设限，却不自知。

你以为你整天抱怨只是因为工作不顺，你以为你情绪失控只是因为那天你心情不好，你以为爱情离你而去只是因为你没钱，你以为你买不起房只是因为房价太高，你以为摩拜创始人胡玮炜套现 15 亿只是因为运气好……

所有的自以为是里，都包含着人生失败的种子。

事实上，当你对每一段人生进行总结、反思，对每一个看起来自然而然却又难以理解的现象进行分解、剖析的时候，都能得出很多新的有价值的东西来——特别是，你和同道好友一起分析的时候。

每一次的总结和反思，只要足够深刻，足够深入骨髓，乃至触及灵魂和价值观，都可以是一次浴火重生。

所以我从第一章"认识自我"到第三章"格局认知"，就是循序渐进地帮助大家走上"开悟"的道路。"开悟"从来都不是随便想想、随便说说就能实现的。在真正的"开悟"之前，一定要经历很多准备。等你完成了前面所有阶段的学习，到了这个阶段，去努力实现思想上的大突破，你就突然一下融会贯通，豁然开朗了。

这种大突破带来的一定是认知上的大提升。

思想是行动的先导，没有思想上的改变和突破，你的行为要想发生根本性变化，几乎是不可能的。

*

所谓"想明白"或者"一朝顿悟"是一个螺旋上升的过程，也应该是一个持续进化的过程。

突破之后还可以再突破。就像动漫《龙珠》里，孙悟空变身超级赛亚人是一个突破，超级赛亚人从超 1 到超 2 再到超 3、超 4，是不断突破过程。超 4 之后还有红超、蓝超，在这后面还有自在极意功……

为什么我们会喜欢《龙珠》里的孙悟空？因为他就是"生命不止，奋斗不止"的终身践行者，永远都在追求变得更强大。一个人的成长，永远都要反复经历"见山是山，见山不是山，见山还是山"的过程。

很多东西，从"没见过"到"见过"，再到"可以看作没见过"。

很多事情，从"什么也不知道"，到"生怕别人不知道自己知道"，再到"让别人以为自己不知道"。

很多话，从"无话可说"，到"无话不说"，再到"可以不说"。

这都是一个人的认知发生变化的一些阶段性特征和典型迹象。

只要保持开放的心态，践行永续成长和终身学习的理念，不故步自封，就一定会经历不断否定自己的过程。

每一次对过去的自己的否定，都是一次顿悟后的突破。

这些年里，我大概经历了几个阶段的突破。刚开始工作时，领悟了"不破不立，颓而后振"的道理。有了敢于直面过去的失败和应对未来的挑战的意志和斗志，这样的"心法"帮助我从颓废中站起，真正走上了人生逆袭的道路。工作之后，我逐渐领悟到了为人处世的种种法则，它们帮助我在职场里站稳脚跟，进而得到了认可。再然后，我在奋斗的道路上一刻不停歇地往前飞奔，从身体到精神再到家庭都受到了很多考验，我也一直在思考和寻找能支撑我继续前行的力量。直到这两年，我才从无数次的思考中得到了新的顿悟。

我的顿悟，就是此岸与彼岸。

所有人，只要还在这个世界上存活着，归结起来无非两点：**立足当下和追求彼岸**。要么在现世中有所求，要么寄希望于来世。

但立足当下，容易走向功利；追求彼岸，则需要努力奋斗。

*

"网易云热评"中有这样一段话，我很喜欢："当你在背单词的时候，阿拉斯加的鳕鱼正跃出水面；当你在写数学作业时，太平洋的海鸥正跃过城市上空，北欧夜空绚丽的极光正五彩斑斓；当你在默默努力时，你以为这辈子都见不到的东西、遇不见的人，正向你走来……"

背单词、写数学作业、默默努力，就是我们正在经历的日常生活。而阿拉斯加的鳕鱼跃出水面，太平洋的海鸥正跃过城市上空，北欧夜空绚丽的极光正五彩斑斓……就是我们所期待的未来。当人陷入当下困境的时候，在生活里拼命挣扎的时候，你要知道这世界上还有别的角落，还有别的生活，就会拥有了继续奋斗下去的勇气。一个人知道还有更大的世界后，就再也不甘心留在原地，会去奋斗，这就是动力。

身在名利中行走，心在荒村中听雨。你可以学习所有世俗的手段和方法，但思想始终要跳出来。就像电影《肖申克的救赎》中安迪被人陷害，身陷监狱。困顿绝望之中，却一直期待着监狱高墙外的蓝天白云。为了那一点的可能，十年如一日他从未放弃过努力，他一点一点地思考、谋划、实施，等待时机。直到那一刻，安迪逃出高墙，在大雨滂沱之中张开双臂拥抱自由，拥抱等待了十年的"彼岸生活"，他泪流满面。这样的过程，就是救赎的过程。

生活不易，奋斗不易，逆袭不易，改变不易。我们每个人都可能被困于某个"监狱"之中，束缚着我们的可能是贫寒的家庭条件，可能是日复一日的单调生活，可能是父母无休止的争吵，可能是失败的婚姻，可能是毫无起色的工作，可能是看起来永远也买不起的房子……

在这样的困境里，很多人都曾经有过奋力一击的努力，但往往徒劳无功。在很多次的徒劳无功或是原地踏步后，这些人终于选择了放弃。

《肖申克的救赎》里有段话这样说：**你所面对的围墙是很有意思的东西，一开始，你痛恨周围的高墙；慢慢地，你习惯了生活在其中；最终，你会发现，自己不得不依靠它而生存。**

这才是人生最绝望的监狱，从这个角度讲，我们都需要救赎。用这种"现世或彼岸"的思维将自己的目标、手段、思维等等全部整合起来，你在向着现世的彼岸前行的过程，也就是不断提升自己的过程。

最后，大家可能会问：学长，你自己所追求的现世的彼岸又是什么呢？

生活富足，内心平静，家庭幸福，身心健康，可以成就别人，也可成就自己，这就是我所追求的，现世的彼岸。

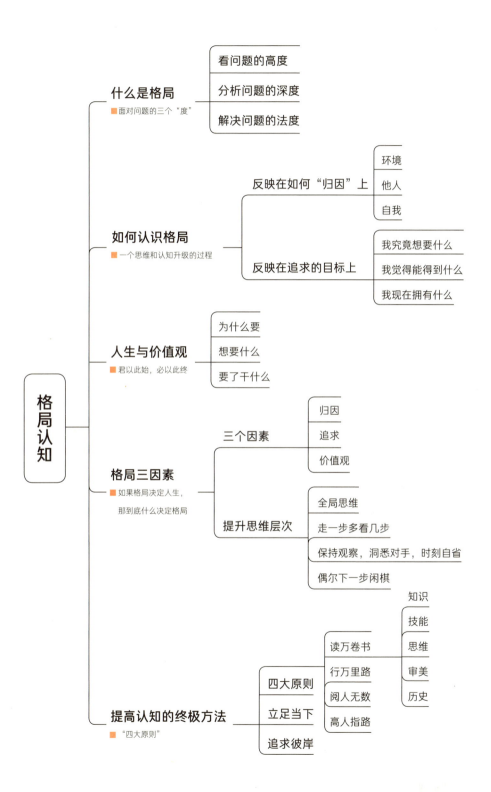

格局认知

什么是格局
■ 面对问题的三个"度"
　看问题的高度
　分析问题的深度
　解决问题的法度

如何认识格局
■ 一个思维和认知升级的过程
　反映在如何"归因"上
　　环境
　　他人
　　自我
　反映在追求的目标上
　　我究竟想要什么
　　我觉得能得到什么
　　我现在拥有什么

人生与价值观
■ 君以此始，必以此终
　为什么要
　想要什么
　要了干什么

格局三因素
■ 如果格局决定人生，
　那到底什么决定格局
　三个因素
　　归因
　　追求
　　价值观
　提升思维层次
　　全局思维
　　走一步多看几步
　　保持观察，洞悉对手，时刻自省
　　偶尔下一步闲棋

提高认知的终极方法
■ "四大原则"
　四大原则
　　读万卷书
　　行万里路
　　阅人无数
　　高人指路
　　　知识
　　　技能
　　　思维
　　　审美
　　　历史
　立足当下
　追求彼岸

第四章

知识管理：摆脱学习焦虑，转化知识价值

吾生也有涯，而知也无涯。以有涯

随无涯，殆已。

——《庄子·养生主》

1/ 让 知 识 产 生 价 值——
通 用 知 识 与 专 门 知 识

不要活在"知识荒漠"中，
也不要做"知识收藏家"，人生
需要不断地"读书打卡"。 ■

知识管理这个词，最初是作为企业管理中的一部分被人熟知的。很多公司都会有知识管理系统。不过，本节我们谈论的主要是个体的"知识管理"。

说到知识管理，可能很多人的第一反应是：我们怎样可以实现高效学习？

但在此之前，我们需要先想清楚两个更重要的基础问题：我们应该学习哪些知识？什么样的知识才是有价值的？如果走错了方向，你效率再高也到不了目的地，甚至可能走得越快离目标越远。

*

不是什么东西都是开卷有益。

每个时代有每个时代要面临的问题。以历史的视野来看，我们今天这个时代最大的特点就是：**知识大爆炸**。

在谈到应该学习哪些知识之前，我们需要明白知识大爆炸对我们学习者至少有两点启示：**第一，人需要终身成长、终身学习**。因为新的实践层出不穷，知识、理论都会不断更新。**第二，人只能学习整个知识系统中很少很少一部分的内容**。

《庄子》说：**吾生也有涯，而知也无涯**。小时候老师用这句话来告诉我们，要认真学习知识。但其实这句话后面还有一句：以有涯随无涯，殆已。

人生是有限的，但知识是无限的，用有限的人生去追求无限的知识，是必然会失败的。说白了，知识那么多，哪怕你学的都是有用的、经典的知识，也一辈子都学不完。

我们经常讲一句话：**开卷有益**。站在鼓励大家多读书多学习的角度，我觉得经常这样讲讲是有好处的。毕竟很多人面临的情况是"很少开卷"，我们得先解决从无到有的问题。但是，如果你想要进一步做好知识管理，就必须再次仔细审视这句话。

首先，知识大爆炸意味着有效知识在快速增长，但与此同时，知识中"无用"的东西也在以飞快的速度增长。你随便"开卷"，很可能看到的是"无用"知识。你看得再多，也没办法学会深度思考，甚至可能会被它们"污染"头脑。

其次，有的朋友可能会想：那我只读经典是不是可以？读经典当然有益。但是，我们做任何事情追求的不仅仅是有益，而是要有足够的益处。投入产出比太低的事，不值得做。从这个角度来说，我们要避免"泛泛而谈地说多读经典"（注意这个表述）。

钱锺书先生有一句话："西方的大经大典，我算是都读过了。"我第一次读到这话的时候很佩服，心想钱先生读的书可真多。可过了很久我突然想到，这句话你要是倒过来看，就会发现一个很直白的真相：**绝大部分人都不可能读完世界上的经典图书。**

世界上有多少个钱锺书呢？又有多少人能像他那样工作就是看书呢？而且，钱先生是抱着研究的目的去读那些书的。

如果我们普通人只是为读经典而读经典的话，经典在你脑子里到底能留下多少东西，这要打上好几个大大的问号。

在这里，我想提出一个新的概念：**知识收藏家**。希望这个词能够帮助大家警醒自己。我们既不要活在"知识荒漠"中，也不做一个"知识收藏家"，因为人生需要不断地"读书打卡"。

在这样一个知识大爆炸时代，我们应该随时地问自己，我学习知识的目标是什么？

*

学东西是要带着点目的性的。

知识无涯，进入学习的海洋，如果没有一个明确的方向，只能是随波逐流、不知所云。直截了当地说：学习知识的主要目标不为其他，是为了更好地解决问题。这是为什么你给自己简单地定"今年要读 100 本书"这种目标往往是无效的，也经常实现不了，因为这样的目标不是问题导向的，甚至到最后，你只是借着阅读来填满时间、消磨时间。想想看吧，我们可能都犯过这个错误。

我们在中学课本上学过一句话：人与动物最本质的区别在于人能制造和使用工具。我一直觉得，这后面可以再加上半句话变成：**人与动物最本质的区别在于人能制造和使用工具，并且用来更好地解决问题。**

其实，知识本身就是一件至关重要的工具。而人与人之间的区别，很多时候也就在于怎样使用知识去更好地解决问题。拥有更多的优质知识，并且能用来更好地解决各种各样的问题，这才是你在这个社会中脱颖而出的一个基础。

*

我们应该学习的知识包括两类：**通用知识和专门知识。**

那么，为了更好地解决问题，我们应该学习哪些知识呢？《现代汉语大词典》对知识的定义是：人类对客观事物和人自身研究的成果……知识通常分为自然科学知识、社会科学知识、思维科学知识、数学知识等。各种知识又相互交叉、渗透，形成网状结构体系。

我们对这四部分知识的确都应该有一些基础的掌握。不过，每个人的学科背景不同，不可能对这些知识都有同等程度的掌握。因此，我换了一个角度来对知识进行分类。我们应该掌握的知识大体可以分为这两类：通用知识和专门知识。

1. 通用知识

通用知识，顾名思义，就是今天任何一个希望自身发展比较完善的成年人"应该"具备的知识。通用知识又可以分为两种：第一种，学校里教过的；第二种，学校里没教过的。

我们从小学到初中的九年教育，就是通用教育。大学里开的通识课也属于此类范畴。不知道你有没有意识到：语数外、政史地、理化生，这些非常重要的通用基本知识，学校都教给你了。只不过我们往往可能没有很好地吸收、应用。

举个例子，数学看起来似乎是最没有实用价值的学科，但你错了，即使在日常生活中，数学也有很大的用处。

如果你真的把概率学好了，就不会花大量金钱去买彩票。你如果把乘方学通了，懂得复利的价值，就不会去信那些"坑人"的套路贷……

运用好学校里教过的知识，真的可以避免生活中的很多坎坷。所以，当你发现学校里教的哪门学科确实有用而你又忘记了的话，重新去翻翻书补补课，也是一件值得做的事。

当然，还有不少通用知识，学校里没有教我们，但它们又确实非常重要。

对照词典里的四大分类可以发现，我们已经学了不少自然科学和数学科学的通用知识。但当我们走上社会就会注意到，社会科学中的很多知识我们还需要补课。而思维科学这个新的知识门类，则是我们通识教育中很少涉及的内容。这些都需要我们不断地自学。在这里，我列出了一些我经过实践认为确实很重要的通用知识，希望给大家提供参考。

（1）关于**思维**的知识。思维科学很新，在国内创建思维科学技术部门的想法，还是 20 世纪 80 年代初钱学森先生提出的。我们在这里不展开讨论，只提一些对我们日常生活很有价值的知识，例如基础的心理学、逻辑学。这些知识不仅能让人对自我有更清晰的认知，也可以帮助人让自己和他人有更好的沟通交流。

（2）关于**健康**的知识。身体健康是本钱，是人能够幸福和发展的基础。这里面涉及饮食营养、健康锻炼、睡眠、生理卫生等细分知识。据我的观察，大部分人在这些方面的知识储备都不够。

（3）关于**财富**的知识。财富是人生中非常重要的一个工具。但是，关于如何增加财富、保护财富，让财富保值增值，学校似乎很少教。

（4）**关于安全的知识**。没有生命安全就没有一切。但关于消防安全、交通安全等方面的知识，很多人需要进入社会再补课。

（5）**关于写作的知识**。我们的语文教育在文学性上做得不错，但坦白说，在实用性上还有提升空间。很多人在工作后连一些基础的应用文写作格式套路都没有掌握，而实际上，写作能力是思维和沟通能力的体现，非常重要。这方面的知识也需要自己不断学习、补短板。

2. 专门知识

除了通用知识外，我们还需要专门知识。你的大学专业知识、你的岗位技能，都属于专门知识。每个人的专业、岗位都不同，我学过的专业知识很可能不适合你，所以关于这一方面就不展开了。但是也有必要强调一点：不少人其实面临这样一个问题，虽然学习某个专业或者在某个岗位上工作，但每天忙于具体的工作和学习，很少跳出来看自己这个位置到底需要哪些对应的专门知识。在这里，我建议大家想想办法找到或者自己描绘出自己的**"技能树"**。

有些人所在的公司，可能已经给他们所在的岗位提供了"技能树"或者"能力图谱"，指导他们发展。对此，应把它收藏起来，不时地翻看，和自己的能力进行对照。其实，你只要打过游戏，就应该知道"点天赋"这个过程。游戏人物升级路上"点天赋"的过程，恰似你个人进阶路上"升技能"的过程。

你 10 级的时候需要具备哪几方面的能力，你 15 级的时候需要具备某几方面的能力，还有需要达到怎样的程度，"技能树"可以给你一个很好的学习目标参考。如果你是员工，可以上网去找自己对应岗位的"技能树"（或者"能力图谱"、能力模型）；如果你是学生，那学校的课程很多时候就是需要你掌握的知识体系。

即使你现在还没有办法描绘出自己的"技能树"，但只要你建立了这样一个思维，就可以去找前辈请教：我现在的位置应该具备哪些方面的技能和知识？然后有的放矢地去学习知识、提升能力。

谈完了通用知识和专门知识，我还想简单聊聊生活中常见的几种"知识"。因为想明白如何看待这几种"知识"，可以有效地提升我们日常利用时间的效率。

（1）低价值知识

我认为低价值知识有两种，第一种是知识本身价值很低，甚至为0。比如孔乙己所说的"茴香豆的茴字有哪4种写法"。对于"茴"字有哪几种写法，知道了又能怎样呢？恐怕对我们解决问题几乎没有任何帮助。

第二种低价值知识，指的是知识本身有价值，但对你价值很低。比如说，关于某颗不知名星球的知识，对天文系专业的人来说，这是专业知识；但对我这样的文科生来说，如果花大量时间去关注它，能产生的价值很低，除非我要写科幻小说。所以，对于这类知识、信息，我们应该避免主动耗费时间去学习。

（2）新闻资讯

新闻资讯是一种比较特殊的知识。其中有一部分资讯的"价值周期"很短。比如明天的天气预报，它的保质期只有一天，过后对非气象人员而言基本就没有价值了。还有一部分所谓的资讯，比如你所在的城市发生的一些奇闻，其本质是零碎的民间八卦（相对明星的八卦而言）；而另一部分资讯则有可能对你有中长期价值，对你做决策、判断有帮助，甚至有一些前沿研究成果，你也会首先通过新闻资讯得知。

不管是学术专家还是政商界人士，都很关注相应领域的新闻资讯。对这类知识，我们应该做的是筛选少量优质的资讯平台，让它们替我们先选出价值密度较大的资讯，然后再选择性地阅读与参考。而那些一点也不关心新闻，或没事就拿着手机刷新闻的行为，我认为不可取。

（3）与兴趣爱好有关的知识

很少有人会在谈知识管理时谈兴趣爱好。但我认为，对于兴趣爱好相关的知识，我们应该有意识地去多学习，多使用。至于原因，虽然我们说过，知识是用来解决问题的，但是，人并不是工具，人的自我发展本身就是目的。我们除了要解决生存问题、物质生活问题，解决工作单位需要我们去处理的一个个问题，还需要充实自己的心灵，解决自己面临的精神困惑、情感需求等问题。因此，一些兴趣爱好是非常必要的。

另外，我也一直倡导，**喜欢一件事情不应该只是消遣而已**。真正热爱的东西，你应该付出精力和智力去研究它，好好发展它。这样你才会有充实的成就感。如果你借着爱好之名，只是拿它来逃避和消遣，那和沉溺于打游戏也没什么区别。既然你的爱好是让你觉得人生有价值的动力，那为何不让这个动力变得更充足呢？

讲了这么多的"知识"，可能有的人会产生"知识焦虑"，觉得要学习的通用知识和专门知识很多。但在这里，我想用时间管理的"四象限"方法来告诉你：这些知识大部分属于重要但不紧急的事。对于这类事情，我们应该做的是：长期地、持续地投入固定时间去完成它，没有必要一口吃成一个胖子。

2/ 让学习变得高效——一大原则和两组方法

> 世事洞明皆学问，人情练达即文章。牢记这句话，这是学习的真谛。

在谈如何高效地学习知识之前，我先从学习的定义开始，理清观念认知，再谈具体的方法。

*

前提：正确理解学习。

习惯是最可怕的力量，对学习来说同样如此。我们很多同学习惯了学校里的节奏，一说学习，就打开书本从头看到尾、坐在课堂从头听到尾，认为看书和听课就是学习。这个看法实际上是很片面的。

"学习"这个词是怎么来的？《论语》的开篇是这么写的："**学而时习之，不亦说乎？**"杨伯峻先生翻译为：学了，然后按一定的时间去温习它，不也高兴吗？

学习这个词从一开始，就不仅仅包括学的意思，同时要求你去温习、练习所学的内容。《现代汉语大词典》对于学习的解释是：从阅读、听讲、研究、实践中获得知识或技能。这也明确地告诉我们，除了读书和听课，研究和实践本身也是学习的一部分，而且是更为重要的一部分。

这至少给我们一点很重要的启发：**一定要拓展学习的渠道和方式**。例如，我们要学习个人成长相关的知识，不仅可以通过读文章、听课程达到，还可以通过很多渠道去学。

你应该从等老师来教进阶到主动找行家去问。有时候，你自己苦思冥想根本解答不了的问题，行业人士早就对解决方案一清二楚。你可以到公司里找前辈，或者到一些专业平台去找行家请教。可能要花一点钱，但学习效率高，我自己就很受益于这种方法。那些真正对你很有启发的前辈，要长期去找他请教。这样你一定会受益匪浅。

你还应该从只向书本学习变为在实践中学习。有时你会发现，你遇到的一些问题，大家都没有现成的正确答案，这就需要你去调查，去研究。这样的情况在你读完本科成为研究生或者参加工作之后，会表现得越来越明显。

世事洞明皆学问，人情练达即文章。牢记这句话，这是学习的真谛。

原则：保持问题导向。

学习的原则是一定要有问题意识。我在上一节中已经提到，学习是为了用的，是为了解决问题的。因此，保持问题导向就是学习的原则。虽然这听起来很简单，但实际上，众多的学习者大多没有做到。

我们很多人读一本书，特别是读人文社科类的图书，步骤是这样的：

看到别人推荐或者应老师要求

> 买来，从第一页开始读，读到最后一页（一部分人没读完放弃了）
>
> 做一些笔记（一部分人能做到）
>
> 也会时不时温习一下笔记（这样做的人已经比较少了）
>
> 短期内会引用书中的一些观点来指导自己，时间一长就忘记了

如果开始读下一本书，会重复这个过程。

我相信，这种体验我们都有过。但其实这种做法是很低效的。你确实花费了很多时间去学习，效果却很一般。甚至，当你过两年再次翻看这本书的时候，可能完全不记得之前看过的任何内容了……

既然学习是为了解决问题，那么我们就应该始终坚持带着问题去学习。你至少可以带着这样两个通用的问题去学习：书里讲的很多方法有哪个是我马上就能派上用场的？结合自己的实际情况来看，怎么用？

带着这个问题，你至少会去做一件事情：集中注意力从书中找一个有用的方法，并且和自己进行关联。相信我，只要你这样主动地去思考答案，你的阅读效果就已经好过很多人了。

当然，必须强调一点：**具备问题意识，并不是鼓励你对鸡毛蒜皮的事都去提问。永远要关注那些重要的问题。**

有一个给我很大启发的小案例。

前面说过，钱锺书先生把西方的很多大经大典都读完了。他读的书是非常非常多的，我也很钦佩他。不过，一山更比一山高，我曾经有幸听到过这

样一个观点：钱锺书、陈寅恪、王国维三位大学者，论读书的数量，是钱＞陈＞王。

原因或许也与"问题导向"有关。王国维先生的一些研究，是在中国文化这方面。举一个例子：王国维撰写的《殷墟卜辞所见先公先王考》和《续考》，用出土的卜辞印证了《史记》中对殷商王朝的记载，鼓舞了当年历史学界进行殷墟发掘，从而第一次证实了商朝在历史上是真实存在的。这对我们这个文明古国来说，具有重要的意义。

这个例子讲的是做学问。其实做工作也是一样的道理。你用你的知识解决了大问题，你对公司就有大贡献；解决了小问题，就会获得小认可。相反，如果你满腹才华，但是没有主动用知识发现问题、解决问题的意识，那你最多只是别人嘴里"一个看书多的人"。人家最多恭维你几句"有才华"而已。

学习的方法很多，但我经过实践发现，对我最有启发也最重要的方法就两组。我把每组又分出了几个更细的方法，下面列举出来供参考。

*

第一组方法：用输出倒逼输入。

先说为什么这个方法很重要。

首先，从目标来看，学习的目标本来是为了用，为了输出。其次，输出是一种主动学习法。这需要你主动地调用自己的逻辑能力去组织学习内容，调用思考能力去把理不清的内容理清。主动和被动之间，学习效果的差别泾渭分明。

美国学者爱德加·戴尔提出过一个著名的"学习金字塔"概念，它用数字形式来表示，见下图。看看学习者在两周以后还能记住自己学过了多少内容。结果显示：听讲、阅读、视听、演示都属于被动学习，效果不好，最多能记住 30%；而讨论、实践、教授给他人，属于主动学习，效果很好，最多能记住 90%。

学习金字塔　　　　资料来源：国家训练实验室　美国缅因州（National Training Laboratories）

其实，讨论、实践、教授给他人都有一个共同点：带有输出过程。但输出不仅仅只有这三种形式，因为有时候我们并没有和他人讨论，也暂时没有具体场景可供实践。因此，我经过思考，把输出法分为以下几种，不同的知识类型适合不同的具体方法，你可以根据情况选用。

1. 写下来

古人说，不动笔墨不看书。今天我们说，好记性不如烂笔头。

（1）哪怕只是最简单地做个摘录，也好过纯粹地浏览。

（2）如果你觉得这本书有价值，你可以写出一份完整的读后感。这份读后感不用很全面，只要你能有问题意识，用一个或几个问题串起来就足够了。

（3）中国古代还有一种学习方法：抄书法。把书整本抄下来，这个方法看起来很笨拙，但是，如果学习内容对你真的很重要，同时内容量也可以接受，这种笨功夫不妨做一做。

2. 讲出来

和写下来相比，讲出来需要关注口头表达的逻辑，对口头沟通也有帮助。

（1）把重要的学习内容读出来，这是最简单的一种输出，它可以调动眼、口、耳，甚至身体动作，肯定比单纯阅读效果更好。

（2）可以用自己的话来复述内容，这是检验你对知识吸收、理解的一个好方法。

（3）你可以将新知识与身边的家人、朋友进行讨论甚至论辩。这是彼此启发思维的过程。

（4）还有一种网络化的方法，就是我们上中小学的时候常用的方法：出声背诵。

我一直认为，背诵不仅仅是死记硬背，在背的过程中，你会不断地去思考文句之间的逻辑联系，加深对内容的理解。而且，你愿意去背诵的东西往往很经典。这些内容在思维上、语言上都是值得效仿的。你把它放在脑海里，它可能在未来的某天就会突然给你一些新的启发。

3. 教起来

这里就要讲到费曼学习法了，这也是网络化的一种学习方法。所谓的费曼学习法，是著名物理学家费曼倡导的一种学习方法，核心理念就是：把自己正在学的东西教给其他人。大概的步骤是这样的：（1）选准备学习的知识；（2）把它教给别人；（3）在教的过程中发现问题，尝试解决，再次教给别人，直到"小白"能轻松理解。

我现在经常会采用费曼学习法。比如说，我读到一个很有价值的观点，一定会想办法把它用在我的公众号文章里，分享给大家。在这个过程中，可能我就会发现，"哦，这个地方好像我还有点不明白，再查查资料看"，又或者是，"哦，这个观点其实还需要补充完整才行……"

孔子说，学而不思则罔，思而不学则殆。以教为学这个过程，就是在逼着你进行多次学—思—学—思的循环。如果达到都能教别人的程度了，那么对知识的理解能不深入吗？应用能不准确吗？

4. 用起来

实践不仅是检验学习成果的标准，实践本身也是一种很好的学习方法。

（1）应用型的知识，你在书上看100遍，不如去实地操练一遍。这和打游戏是一样的，你把攻略读烂了，也不如去游戏里真正和"魔王"战上几回。比如，大家学习了时间管理的知识，就一定要把"每天三件事""番茄工作法"这样的方法马上在工作、学习中用起来。

（2）偏理论的知识也要想办法用。最简单的一个用法就是找问题、去解题。这个方法其实我们读高中的时候都知道。怎样检验自己对某个数学公式掌握得熟不熟练？理解概念后，多做几道题是最好的办法之一。

*

第二组方法：建立知识与知识间的联系。

为什么这个方法很重要？让我们从最底层的问题说起。

大家先想想知识的定义："知识通常分为自然科学知识、社会科学知识、思维科学知识、数学知识等。各种知识相互交叉、渗透，形成网状结构体系。"知识有一个很大的特点，即它是网状结构的。

人类的思维也是呈网状的。人最擅长的就是联想，既从同一个体系下的 1 想到 2、3、4、5……，也经常会从一个地方想到另一个地方……而善于联想的人，往往也就是我们所说的思维活跃，解决问题有方法、有创意的人。

既然世界的知识和人类的思维都具有这个特点，那我们在学习知识时，当然就要利用这个特点：去建立知识点与知识点之间的联系。我认为最常用的具体方法有这么几种：

1. 建立知识结构（可用在小的知识模块中）

当你读一本体系性的书时，一定要做一件事：摸清书的目录、框架。我建议你在读正文之前、之中、之后，都多看看书的目录和框架。因为，摸清了这本书的"面"，你才能对单个的"点"有更清楚的理解。这就像一个篮子，有了框架，才好装内容。

2. 厘清知识谱系（可用在大的知识体系中）

当你学习一个专业体系的时候，需要采用这个方法。单独的一本书放在你面前，就像把你扔到一片大海之中，你根本不知道现在身处的是什么位置，眼前的内容价值几何。

你要弄清楚一项理论的价值，最好要搞明白：它来源于哪里、改变了谁、反对了谁，谁又是它的继承者、创新者、批评者。最简单的一个操作办法就是读"学术史"相关书籍。中国古代的文献学这门学科的目标是辨章学术、考镜源流。这就像挖矿，循着根脉找，才可能发现最后的大矿藏。

举个例子，比如，你要研究王阳明的思想和学术，最好的办法并不是先把他的所有著作和研究他的著作都看完，而应该是在读与王阳明相关的重要著作的同时，做以下几件事情：

（1）去了解整个宋明理学此前的发展脉络，尤其是朱熹、陆九渊这两位对王阳明影响很大的思想家的著作；

（2）去读同时代的大学问家湛若水的著作，他是王阳明的朋友，也和王阳明在思想学术上有各自的特点；

（3）去读王阳明几位著名门人如王艮、王畿的著作。

只有把握了事物的谱系源流、来龙去脉，你才能更清楚某个具体研究对象的得失与价值所在。

3. 多用类比的方法学习（可用在不同的知识体系间）

如果你要学习一项全新的、难以理解的知识，最好能把它类比成你已经掌握的、易理解的知识。这种方法可以用在学习多个不同体系的知识的情况下。

随着科技的发展，人类学习的很多理论都是很抽象的，甚至是难以直观理解的。这确实会提高学习成本。但人有一个技能：善于类比。知识之间也有很多相通之处。因此，我们可以有意识地采用类比法。

当然，类比有一个特点，就是它只会有一定的相似，肯定会有不准确之处。这需要我们在学习的时候去具体地关注和把握。

讲了这么多知识管理的方法，最后我想说一句：学完这些方法后，不妨自己试着写出一些读后感，这将有效地提升你的阅读效果。

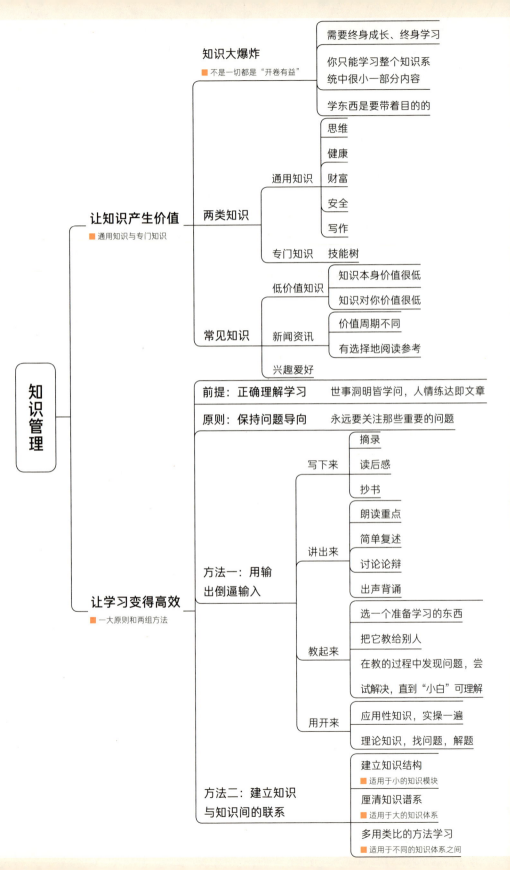

知识管理

让知识产生价值
■ 通用知识与专门知识

知识大爆炸
■ 不是一切都是"开卷有益"
　　需要终身成长、终身学习
　　你只能学习整个知识系统中很小一部分内容
　　学东西是要带着目的的

两类知识
　　通用知识
　　　　思维
　　　　健康
　　　　财富
　　　　安全
　　　　写作
　　专门知识　技能树

常见知识
　　低价值知识
　　　　知识本身价值很低
　　　　知识对你价值很低
　　新闻资讯
　　　　价值周期不同
　　　　有选择地阅读参考
　　兴趣爱好

让学习变得高效
■ 一大原则和两组方法

前提：正确理解学习　世事洞明皆学问，人情练达即文章

原则：保持问题导向　永远要关注那些重要的问题

方法一：用输出倒逼输入
　　写下来
　　　　摘录
　　　　读后感
　　　　抄书
　　讲出来
　　　　朗读重点
　　　　简单复述
　　　　讨论论辩
　　　　出声背诵
　　教起来
　　　　选一个准备学习的东西
　　　　把它教给别人
　　　　在教的过程中发现问题，尝试解决，直到"小白"可理解
　　用开来
　　　　应用性知识，实操一遍
　　　　理论知识，找问题，解题

方法二：建立知识与知识间的联系
　　建立知识结构
　　　　■ 适用于小的知识模块
　　厘清知识谱系
　　　　■ 适用于大的知识体系
　　多用类比的方法学习
　　　　■ 适用于不同的知识体系之间

第五章

沟通表达：
一句话可以聚人心，
一句话也可以"坏大事"

聪明的人讲话受人欢迎，
智慧的人讲话让人如沐春风。

1/ 谈事的原则——从"听明白"到"能说服"

会说话，不是会嚷嚷。■

很多年前就看过《教父》这部电影，如今的我依然对此印象深刻。这部电影有很多的观看角度，但我当时却深深地被马龙·白兰度饰演的教父的说话方式所吸引。他讲话慢条斯理、逻辑清晰、充满智慧又无可辩驳，充满了一种让人难以拒绝的力量感。

与之相反，教父的大儿子桑尼去参加谈判，效果就很差，也很容易被人抓住弱点和漏洞，本来是去谈一件小事，却搞砸了。可以说，同样的问题、同样的场景，教父去谈判和桑尼去谈判结果是天壤之别。

这其中展示的巨大差距就是沟通能力。

沟通表达的技巧有很多，从本质来说，大体可以分为两类：一类是谈事，另一类是谈心。其中的原则方法在很大程度上是相通的，无论谈事还是谈心都可以使用，只不过各有侧重而已。

我们先就"谈事"这个课题来讲。说一千道一万，你和一个人、一群人谈事要把握两点：

1. 让人听明白，把事谈清楚。
2. 让人能接受，把事情搞定。

一、怎么才能真正让人听明白？

之前我写过一篇文章《会说话不是会"哔哔"》。在这篇文章里我提到，会说话的关键永远是把自己要表达的东西清晰地传递出来，核心就是三个词：信息、逻辑和包装。在谈事的过程中，这三点是非常重要的。它们决定了你的沟通对象能否听明白，能否听得兴趣盎然。

在日常沟通中，我们在这三方面需要做到的是：信息完整、逻辑清晰、易于理解（这是沟通最基础的一层）。

1. 信息完整

假设你现在是某公司的一个业务员，领导视察时问你：今年你负责的业务收入怎样？你快速地回答了这样一句话：今年我做的营收是 100 万元。

这个回答不能说错，但是，基本也是无效的。除非领导对你负责的具体业务非常清楚，否则是不太可能知道这个数字意味着什么的。也就是说，你的回答里缺少观点——100 万到底是高是低？怎么体现它是高还是低？类似这样的重要信息，你难道还打算让领导来"脑补"吗？

另外，今年你负责的业务数据会变高或变低，原因是什么？不了解原因的话，未来怎么改善或者复制经验？这些其实都是潜在的问题。

我们要实现高效沟通，务必要传递完整的信息。不要一口气把所有信息说出来，你可以慢慢说，换个方式说，但在开口之前，一定要想好需要传递哪些信息。

在职场中，一般情况下我们讲述一件事情，能讲清楚以下几点，信息就相对完整了：论点和论据（包括数据和案例）、现象、原因和措施。

我们谈论点的时候，不仅要谈论点，也要谈支撑观点的论据分别有哪些，用数据和案例来佐证论点；谈现象的时候，不仅要谈表面，也要说出本质，想想是什么造成这样的现象，有没有什么应对的举措。有时候，你也可以使用"5W1H法"来分析自己要谈的事情。所谓5W1H，指的就是：什么原因（Why）、什么事情（What）、什么地点（Where）、什么时间（When）、什么人（Who）、用什么办法（How）这六个方面。这个方法不复杂，在发言之前先按照这个思路过一遍自己要讲的事，很多时候就能让你的表达更完整。

2. 逻辑清晰

在信息完整的基础上，还要做到逻辑清晰，否则说得越多，越像一团乱麻。如何做到逻辑清晰？我分享一个最基本的原则：**金字塔原则**。职场写作也要遵循这个"金字塔原则"。

金字塔原则是什么？作家冯唐曾经用不到100个字概括过金字塔原理："用一句话说，金字塔原则就是，任何事情都可以归纳出一个中心论点，而此中心论点可由三至七个论据支持，这些一级论据，本身也可以是个论点，被二级的三至七个论据支持，如此延伸，状如金字塔。"

在日常的沟通里应用金字塔原则，需要注意什么？

（1）先说论点，再说支撑它的多个论据，注意论据需要属于同一个逻辑层面。

（2）论据要做到不重复、不遗漏。

（3）"重点前置"。重要的论断，关键的论据，尽量往前放。

只要你平时有意识地按照这种逻辑多进行几次沟通练习，相信你的逻辑表达能力肯定能得到提升。而如何练习呢？最简单的一个办法就是，说话的时候多用第一、第二、第三、第四这样的序列词，这是在倒逼自己快速抓住事物的逻辑。

3. 易于理解

这一点，是很多专业人士，特别是技术人员沟通时存在的一个问题。虽然我们有时候确实要体现出自己的专业性，但在大部分情况下，沟通中会出现的最大问题是鸡同鸭讲，人家很难理解你说的意思，这就会让沟通效果大打折扣。职场里进行沟通，不要搞得生涩难懂，而要让老太太也能听明白，这才是本事。

怎么做到？六个字很重要：**大白话，做类比**。能用简单的语言讲清楚的，用大白话讲清楚。如果有些事情本身确实有专业门槛，对外行很难直接讲明白，那怎么办呢？类比是一个屡试不爽的好办法。打个比方，云计算和大数据是这些年很火的名词，第一次听到这些名词的人真的是一头雾水、云里雾里。

而有人就这样做了一个类比：云计算和大数据未来就是"水和电"一样的基础设施。听了这样的比方，你即使还不能理解它们的运作机制，至少也了解了它们所占据的地位，这就消减了你对云计算大数据的"距离感"，你也有更大的可能继续听对方说下去。

二、如何才能让别人真正接受你的观点？

除了用信息、逻辑和包装让人听明白，"谈事"还要回到最终的目标，那就是把事情谈妥。那么，怎么样才能让和你谈事的各方都愿意接受你所谈的内容，认同你提出的方案、主张、建议呢？这里同样有两点值得注意：

1. 衡量各方成本收益

在谈事情的过程中，你一定要盘算好各方在这件事情中的成本收益。不仅仅是金钱上的成本收益，还有人力、时间、口碑等方面的付出和收获。这也不是为了算计，而是为了尊重他人。因为在职场中，在工作生活中，每个人都有自己的任务目标。你把这笔账算清楚了，在需要的时候恰当地表达出来，对方才会更愿意和你合作，把事办成。

举个例子，如果你正在邀请一位嘉宾去进行一次分享，你告诉了他这次分享的时间、地点、参与人员等详细信息，也用清晰的逻辑把这些信息发给了他，同时，你还想办法表达了你对对方真诚的欣赏，希望他能够前来。但对方却没有回应，或婉拒了你，你觉得是什么原因呢？除了他自身有其他安排，最可能的一个原因就是，他不知道自己能从这次分享里获得什么——有多少演讲收入？是否有其他回报？同时，他也不太确定自己要付出什么——比如，花多长时间到现场？线上分享的话需要视频分享吗？……这些本应是他的收益和成本，但他对此却并不清楚。

这种情况罕见吗？还真不少见。我和几位朋友聊过，他们说，这种情况他们遇到的次数不少。有时候，对于活动似乎还真的有点兴趣，但又不知道自己能得到什么，也不太方便主动去问人家能给自己什么，只好先婉拒了。

在日常沟通中，我们经常会遇到类似的情况：找别的部门的同事帮忙，看起来事情很小，但人家就是各种推托；召集几个部门一起开会，看起来方案很好，但有的部门就是不情不愿的。

原因往往不在事情、方案本身，而是在成本收益的这块。一件事，帮忙可能就是举手之劳，但自己没有回报，为什么要帮助你呢？当然，很多人帮助他人可能是出于情面，也可能是自己为人好，但不帮忙也是正常的。

很多政治家、企业家都是非常善于替别人考虑成本收益的。成为这样的人，他人才更愿意和你通过沟通达成一致。

2. 准备备选方案

在沟通中准备备选方案，也是一个很重要的技巧。在生活中，选择题总是比主观题和黑白分明的判断题更好做。在沟通讨论一件事情的过程中，我们可以使用 ABC 方案法。

也就是说，我们在提供方案建议时，不应该只提出一种建议，而应提供 A、B、C 三种不同的方案，并对每种方案的好处和弊端进行阐述（结合上面提到的各方成本收益），以供选择。

其中，如果你有倾向的方案，也可以进行引导。当然，应用这种方法不需要过于死板，应根据实际情况，提供两种或四种方案建议，这都是可以的。

在工作中，把事情沟通好是一种能力。但我觉得最基本的是，你至少不能因为自己的沟通能力太差而把事情搞砸了。

2/ 谈心的要点——如何既不"失言"，也不"失人"

子曰：可与言而不与之言，失人；不可与言而与之言，失言。知者不失人，亦不失言。■

在工作和日常生活中，我们往往还需要有一种能力，就是和人谈心、和人交心的能力。特别是在生活中的很多场景，我们和一个人、一群人交往，不是为了解决某个具体的问题、应对某项具体的事情，而是想和对方通过交流达成一些思想上、情绪上的一致。

工作中，领导找下属谈心，了解其对工作的看法；生活中，你心里有些话想说，有一些感触想找人倾听分享，于是找朋友谈心；恋爱中，最重要的一个环节其实也是"谈"，否则怎么叫"谈恋爱"呢？

面对家人、朋友、恋人，以及领导、同事，怎样谈心才能既把自己的心意表达出来，又能避免交浅言深、言辞不当带来的麻烦？《论语》记载，子曰："可与言而不与之言，失人；不可与言而与之言，失言。知者不失人亦不失言。"

能和他人谈却不谈，叫"失人"；不能和他人谈却谈了，叫"失言"。智者既不"失人"也不"失言"。

如果你有"失人"或者"失言"的经历，你就会明白，谈心是一种非常重要的沟通行为。

应该说，谈心和上一篇所说的谈事，其过程中很多原则都是相通的，但是具体方法上会各有侧重。下面，我们就来分享"谈心"的一些要点。我把这些要点分为 4 组。

一、营造氛围，学会倾听

营造氛围是谈心的前提。不是什么场合和气氛下都适合谈心。比如，对方手上有火急火燎的事情要处理，你突然拉着对方说要聊聊，对方内心肯定送你一个白眼。

怎样营造适合谈心的氛围呢？

首先要注意场景。这里很重要的一点，就是最好当面谈。我在文章《有些话，你最好当面说》中提道：对我而言，越是重要的事情，我越希望能当面沟通。无论是电话还是邮件，都可以隐藏起自己最真实的想法，但面对面的时候，人是很难掩饰自己真实想法的——尤其是你刻意去观察话语之外的神态、动作、表情。对谈心而言，尤其如此。如果你做不到当面的话，至少也要通过视频或者电话的方式，这样才能有"交心"的感觉。

另外，注意场景，自然也意味着谈心要注意场合。具体的场合有很多种，关键是选择双方都觉得相对舒适的、不被打扰的空间。

其次，要学会"破冰"，让彼此都更快进入状态当中。上一篇中提到，谈事情，解决问题，要少说废话，否则会让人觉得你不够务实。不过，在谈心特别是"破冰"的过程中，最重要的就是谈"废话"。这样的"废话"，从天气、身体到家长里短，都是有用的，可以很快地拉近彼此的距离。我之前也写过，这种"废话"就是找你们彼此有"最大公约数"的话题先聊，让双方迅速进入谈天说地的氛围里。

所谓寒暄寒暄，寒就是冷，暄就是温暖。多聊点彼此共通的冷暖，自然就"破冰"了。

在营造了合适的氛围后，谈心还有一个前提，就是"学会倾听"。如果我们不懂得倾听，去找人谈心的话，后果可能是灾难性的。

谈话时，一方面，不要只顾着自己说话，也不要经常打断他人说话。人天然是有倾诉欲的，我们会习惯性地以己为主，讲自己想讲的话题。但问题是，我们有倾诉欲，对方同样也有倾诉欲。你不让别人说，别人就堵得慌。能讲的人不一定受欢迎，但愿意倾听的人一定能收获好感。

另一方面，要会倾听和观察他人的感受。比如说，你发现对方有点面露难色，有些不耐烦，或者没有给出期待的回应……这些时候，你就应该停一停，思考一下自己表述的内容或者方式是不是对方想要的。

二、自我暴露，保护隐私

自我暴露和保护隐私，这两个词组听起来相悖，但实际上并非如此。

我不知道大家小的时候有没有做过这样的事：和小伙伴每个人轮流说一个自己的秘密。其实，这样简单的游戏背后也有着心理机制的支撑。在《影响力》这本书中，作者提出了影响人的几个原则，其中一个就叫作"互惠原则"。我得了你的好处，应该回报你一些什么。这其实在人际沟通中同样适用。

当然，我们使用这种方式应该是为了更好地进行坦诚的交流。我们应该分享一些自己的真实想法、情绪、经历，对方也才更愿意和我们分享。

但是，自我暴露有一个限度，就是始终要保护自己的重要隐私。打个比方，你和领导、同事谈心，可以说说自己的家庭情况、自己的生活喜好，这些都无伤大雅。但是，不要把自己家庭、情感方面或个人身上一些重要的、关键的信息轻易与外人分享，尤其不要把那些可能伤害自己的信息轻易告诉他人。

请记住：**职场中，不要把自己的致命伤暴露在别人面前**。防人之心不可无。保护隐私还有另一面，就是对于对方分享给你的隐私，一定也要严守秘密。如果你把消息泄露了，根据"坏事传千里"定律，这些消息很可能会被迅速扩散。最终，你可能会被贴上"不可信任"的标签。

三、适可而止，把握程度

"自我暴露"是让谈心取得效果的方法。而"适可而止，把握程度"，则是让谈心不至于到不可收拾的地步。

谈心也是有目标的。比如，你是为了倾诉对某个话题的情绪，倾诉完了，就该知道差不多要结束了。比如，你找领导或下属谈心，是想谈谈对工作的看法、对未来的规划等，那么把想谈的主题谈妥了，就赶紧收个尾投入工作。

为什么呢？**古人说：言多必失。**

一旦谈得太多，不仅谈心的效果失去了，变成了东拉西扯，一通胡侃，而且，人真的是会"聊嗨"的。大学里有过"卧谈"经历的同学都知道，到最后你都不知道怎么聊到某个话题上面去了，很多不该聊的话竟脱口而出。第二天想想，后悔也来不及了。

那么，怎样叫适可而止呢？

一是把握对象。对不同的人，"掏心窝"的程度当然是不同的。除了极少数能够无话不谈的知己（其实不少人并没有这样值得信任的知己），我们和任何人谈心的时候，都要清楚你和对方的关系。比如对一般的领导、同事，围绕工作谈谈，如果对方关心你的个人情况，稍微谈一些面上的情况就够了。对于关系尚可的朋友，谈谈你们共同的朋友、共同的话题，深入一点的个人情况也是可以的。但彼此之间观点不同的话题，就别强行谈了。谈话中如果发现双方对于某些话题观点不同，特别是一旦发现对方坚持自己的看法，那就别谈了。记住，谈心的目的不是说服对方接受某个具体的观点，而是为了达成沟通目标。何况，我们的观点也不一定就那么正确。

二是把握时间。首先要把握谈话的时间长度。给自己一个限定，比如这次就谈半小时左右或就谈一小时。如果没有任何限制，越谈越久，就真的会言多必失。我的一个建议是：一次集中谈心一般不要超过一小时，最多不要超过一个半小时。非常重要的内容可以分几次谈，这样，你们彼此才能不断更新自己的想法。其次，**把握谈话的时间**。重要的谈心一定要选择在自己清醒的时候，在能控制情绪、思维的时候去谈。这有其心理和生理学的原因。晚上，大脑因为放松、疲惫而功能降低，人容易做出和说出一些正常情况下不会做也不会说的事情来。所以，有些重要的决定、一些不该说的话、一些不该见的人，最好都不要放在晚上去做、去说、去见。**越是夜深人静，越要避免交浅言深。切记切记。**

四、慎言他人，控制情绪

最后，谈心还有一个禁区，就是不要轻易指责他人，也不要让自己的情绪失控。首先，不要在谈心中轻易把第三方拉入你们的话题进行指责。

因为，你谈心的对象很可能并不想让第三方卷入这个话题。

比如，你和领导谈自己的工作感受时，突然向领导吐槽某位同事，这会让领导很难办。他既不能听你一面之词去处理对方，也不能对你毫无回应，只能跟你客气几句。很可能，领导根本就不想管你们之间的那摊子事，你把领导"拉下水"，他会很郁闷。更重要的是，领导会想：你今天能跟我吐槽他，明天是不是就能私下吐槽我了？

另一方面，你谈心的对象也可能并不认同你对第三方的看法。比如，你的闺密和男朋友吵架吵到快分手，她当着你的面吐槽男朋友这不好那不好。这种情况下，你最好多倾听，也可以分享分享自己的经历，尊重和支持她的选择，但别跟着她一起吐槽她的男朋友……否则他们一旦和好了，可能就会反过来觉得你当初不厚道。所谓劝和不劝分，背后实在有无数血泪的教训。

除了"他人"这个禁区，"情绪失控"也是一个禁区。尤其不要全身负能量，搞得好像世界都与你为敌，把谈心弄成了"吐槽大会"，那样的话，别人只会认为你"多事"。

在职场中，如果连自己的情绪都控制不好，谁敢委你重任？在情感中，谁愿意和一个情绪不可控的人长相厮守？和朋友相处，又有谁有义务成天"消化"你的负能量？在家庭中，你情绪失控，家人很多时候只能容忍。但你有没有想过，你最亲的这些人其实在默默为你担心，或者承受你的伤害？

谈心当然可以展现出自己的喜怒哀乐——聊得高兴时不妨开怀大笑，说到伤心处自然可以伤怀落泪，这都是人之常情；但也要控制情绪的程度，这和第三点"适可而止，把握程度"的要求是相通的。

归根结底，我们要记住一件事：一次谈心不是一次发泄自我的表达机会，而是一次人际关系中的沟通工作。人际关系处理离不开沟通表达中的方法；沟通表达时也不能忘了我们现今身处的人际关系。

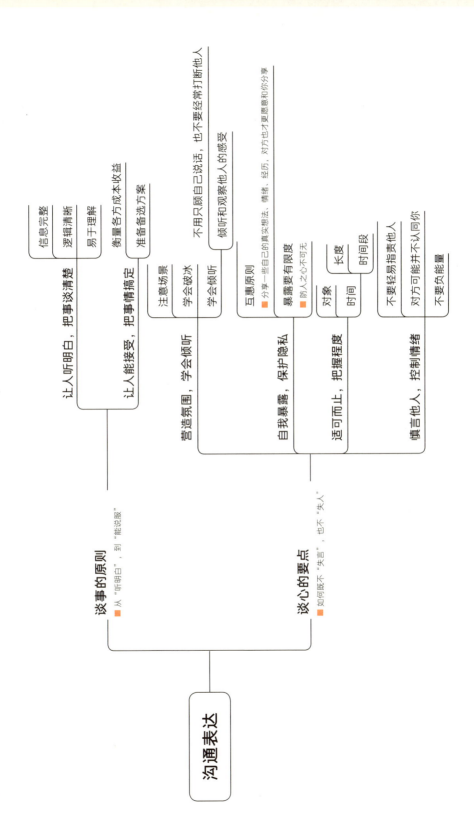

沟通表达

谈事的原则
■ 从"听明白"，到"能说服"

让人听明白，把事谈清楚
- 信息完整
- 逻辑清晰
- 易于理解

让人能接受，把事情搞定
- 衡量各方成本收益
- 准备备选方案

谈心的要点
■ 如何既不"失言"，也不"失人"

营造氛围，学会倾听
- 注意场景
- 学会破冰
- 学会倾听
  - 不用只顾自己说话，也不要经常打断他人
  - 倾听和观察他人的感受

自我暴露，保护隐私
- 互惠原则
  - 分享一些自己的真实想法、情绪、经历，对方也才更愿意和你分享
- 暴露要有限度
  - 防人之心不可无

适可而止，把握程度
- 对象
- 时间
  - 长度
  - 时间段

慎言他人，控制情绪
- 不要轻易指责他人
- 对方可能并不认同你
- 不要负能量

第六章

情绪管理：
从管理情绪，走向
"运用"情绪

情绪就像过山车一样起起伏伏，太刺激了！你没想到的是，人生也可能会这样。

1 / 认识情绪——让自己产生情绪自觉

> 只有真正认清了情绪，才
> 能化被动为主动。 ■

关于情绪管理，我自己其实很有发言权，因为"久病成良医"。在很长时间里，我都是一个极度情绪化的人。也因为情绪化，我做了很多让自己非常后悔的事情，也错过了很多人生发展的机会。

当然，我也发现，情绪对大部分人而言，是不可控的。很多人在情绪上都是采取一种放任自流的态度。他们活在情绪的放任里，长期习惯于依靠情绪的推动去说话、行动、做出决定。情绪来的时候，什么都不管不顾，想说什么说什么，想做什么做什么。

有些人四五十岁了，说话做事仍然只是由着性子来，只不过他们学会了给自己找借口：我这人就是心直口快，刀子嘴豆腐心……有些人都结婚有孩子了，还是不会管理情绪，遇点小事动辄打骂，脾气暴躁；还有些人沉湎于消极情绪中，长期情绪低落，做任何事情都提不起兴趣，再往下滑一步就可能进入抑郁的深渊了。

上述种种问题，我以为是这些人从来没觉得自己的情绪有问题，甚至都没有意识到应该怎么去审视自己身上不断出现的这种情绪的大起大落。

我曾经观察过很多人，到目前为止，有一个样本数不够多但趋势非常明显的发现：**越是情绪容易大起大落的人，他的人生也越容易大起大落。**这样的人可能短时间暴富，也可能"一朝回到解放前"。正应了那句老话：**眼看他起高楼，眼看他宴宾客，眼看他楼塌了。**

*

之所以会出现这种情况，主要就是因为人一旦被情绪支配，习惯了按照情绪里的"想法"去做决定，就很容易在愤怒、悲伤、恐惧等情绪的影响下，做出非常不理智的决定和举动。情绪的力量虽然强大，但它是感性的、显性的、不可持续的，也是极其不稳定的。

不少心理学著作都曾指出，人的思维系统大致分成两部分：

一部分由我们的原始大脑控制，几乎不需要主动去想，就能操纵你的身体做出反应，比如日常呼吸，饿了吃饭，痛了大叫。这其实就是我们的本能。我们的情绪基本也产生在大脑的这一块区域，很多时候和我们的本能相伴相生。比如恐惧什么，喜欢什么，害怕什么，等等，我们几乎不需要学习或者训练，天生就会。

但我们的大脑还有一部分是后天进化时产生的，那就是前额皮质。我们进化中的很多高级认知活动都产生在这一块区域。它可以依靠我们的意识去控制我们的身体。打个比方，我们的原始大脑相当于自动驾驶，而前额皮质大概就相当于手动驾驶。

当我们还在原始森林里生活时，生存的本领更依赖"自动驾驶"。面对危险，你能第一时间反应就能多一些生存机会。但在现代社会，我们所面对的问题和现实早已不是简单地凭借自觉和本能就能解决的了。就像写一篇文章，凭本能怎么写出来？更不要说更复杂的职场工作、人际关系、社会系统等等。这里面的很多道道都是反本能的。

我们都知道，不经刻苦学习，考试时凭感觉乱选一气，能混个及格就不错了，想要考出高分几乎不可能。情绪的管理也一样，如果你从来不去思考这方面的问题，从来不对你的情绪进行分析和管理，你的情绪永远只会像破笼子里的一头猛兽——你永远不知道它什么时候会跑出来，更无法预估它将对你的人生（有时候还有他人）造成多大的破坏。

任何人想要科学合理有效地管理情绪，最基础的前提就是：**拥有情绪的自觉性**。

*

我所讲的情绪自觉包括两个方面的内容：

一是你要学会去认识自己的情绪，去分析自己的情绪状况，去判断自己的情绪管理水平。

情绪无时不有，但不是每时每刻都那么激烈，波动那么大。在情绪处于"平静期"的时候你往往意识不到；但当情绪激烈，汹涌而来的时候，你又往往被情绪整个淹没，很难意识到自己身处何种情绪。

解决这个问题的方法就是在 48 小时内进行记录。

我们家搬家时，我在墙上一幅挂了多年的挂历上翻到了我初中时在上面写的几个字，内容非常有意思。

××年××月××日，**李栩然，今天发生的事情你一定不能忘记！！！**

我相信，我在多年前的那一天，一定是遇到了一件让自己忘不掉的事情。我在写下那些字的时候，一定是情绪激动到了极点，因为那些字居然连那么厚的挂历纸都划破了。但在写下那些字不久之后，随着情绪过去，那件事很快被我遗忘。现在这么多年过去了，我再怎么回忆，也想不起当天到底发生了什么，我写下的这几个字又是针对谁的，一星半点也想不起。

情绪就是一种来得快去得也快的东西，真的就像一阵风，如果不记录，你可能永远不知道自己的情绪有多善变，有多可怕，情绪来的时候有多冲动。所以，后来的我学会了在情绪最激烈的时候记日记：详细记下当时发生的事情（起因经过）、我当时的真实想法（情绪感受），以及之后的情况（事后结果）。

我有一个带在身边多年，最为珍贵的笔记本。记录了我从高一到大学毕业的所有这种"情绪巅峰时刻"。因为激动次数并不多，所以这么多年也只记了一本而已。但每次翻看这本独特的情绪记录本，我都能完整地回忆起我在某个时刻有过的激动情绪；然后去反思，我当时为什么要那么激动？如果我真的按照我当时的想法去做了什么事，现在的后果会怎样？

比如我记录过，我在大学里曾经有一段时间极度厌恶学习、厌恶同学、厌恶社会，冲动地想要退学。但如果我当时真的退学了，估计也就没有现在的一切了，想想都惊出一身冷汗。

通过这种记录，我在大四毕业前夕，第一次深刻地意识到我的情绪是有问题的，如果我放任这种情绪状态不管，终有一天会被这种动不动就产生的极端情绪带到"坑"里去。这才有了我后来的很多自我剖析和情绪训练。**所以情绪的自我觉醒是我们学会和情绪友好相处的第一步。**

*

　　情绪自觉还有一个重要内容，就是当你意识到你处在何种情绪时，会对你当下的情绪产生抑制作用，避免情绪彻底淹没一切，也就是所谓的活在当下。这和冥想时通过不断提醒自己可以将已经飘飞的思绪拉回来一样。

　　这其实还是和我们的大脑有关。情绪主要产生在原始脑部分。这部分的权限很高，就像本能一样，可以不经过我们的意识直接接管你的身体。人的身体一旦被情绪接管，就可能完全沦为情绪的工具，有时候甚至无力反抗。

　　而大脑皮质作为后天进化的产物，是我们自我意识可以控制的区域。它对原始脑是具有抑制作用的。所以，当情绪来临时，**最好的方法就是意识到自己处在何种情绪中**，不管多愤怒、多悲伤，赶紧清醒过来。

　　抑制情绪、理性思考的是我们的大脑皮质，需要唤醒才能重新获得被"本能支配"的大脑指挥。而意识到自己处于何种情绪中，恰恰就是唤起大脑皮质最快速的方法之一。

　　你一旦跳出自己的视角，像第三方一样去观察自己有了什么极端情绪，这种情绪对你的控制力就会大大减弱。

2/ 情绪黑箱理论——控制情绪的输入与输出

人的一切痛苦本质上都是
对自己无能的愤怒。 ■

我先给大家分享一个我亲身经历的故事。

大概是两年前，在我早上去上班的路上，经过一个路口等红绿灯时，见到一个二十来岁的长相文静清秀的小伙子，在路口的人行道上声嘶力竭地大吼，旁边倒着一辆单车。

看得出来他很愤怒，也很激动，整个人都在颤抖，声音尖厉到快说不出话来。就在等红灯的几十秒时间里，我通过他断断续续的"控诉"，大致知道发生了什么。

小伙子可能是上班赶时间，自行车骑到路口时刚好遇到红灯，虽然被交警叫住停下了车，但已经过了人行横道的停止线。交警批评了他几句，并要求他推着车退回停止线内。就是这样一件小事，让小伙子非常生气。

与此同时，在十字路口的其他方向上，仍有不少人骑着车闯过红灯走了，还有不少人过了停止线才停车。路口就一个交警，根本管不过来。小伙子反反复复就说一句话："那么多人闯红灯、过线你不管，凭什么就叫我退回去？"他拿出手机对着其他路口一阵狂拍，嘴里嘶吼道："你们根本就是选择性执法，那个路口还有人，那边还有人闯红灯，你们为什么不管，为什么不管……"

交警一开始还跟他解释，到后来基本就不再理他了。这让小伙子更加愤怒，他拉着交警的胳膊，非要给交警看手机里拍下的"证据"，质问交警凭什么"就只针对他一个人"。因为太过激动，他好几次脚步不稳差点摔在地上。要不是几个老大爷一边扶着他，一边拍着他的背给他讲道理，我估计他很可能就背过气去了。

我不知道他最后是否会平静下来，默默离开。

一大早就经历了这样激烈的情绪，很可能这一天里他的状态都会非常差。如果他这一天还要进行见客户、考试、面试之类的事，早上的这件事，很可能会给他造成更大的负面影响。

*

在这件看起来微不足道的小事里，其实就蕴藏着情绪管理至关重要的一条要义：

任何时候，只要你在处理问题时附带着非常强烈的情绪，最后，处理问题都会转化为处理情绪。 甚至可以说，如果没有处理好情绪，根本就处理不好事情。

我之所以把这件事拿出来讲，是因为如果我们抽丝剥茧地去分析，会发现它实在是一件太微不足道的事了。但因为这个年轻人糟糕的情绪处理能力，让这件事可能成为这一天甚至好几天里，在他身上所发生的最重要的事情。他和交警在路口较劲拉扯半天，除了毁掉一天的心情，还很可能会上班迟到，即使交警迫于无奈妥协了又怎样，他的情绪会因此而扭转过来吗？

从心理学的角度讲，**情绪是一种非常高级的大脑活动，拥有很高的处理权限**。换句话说，一旦人被激起了情绪，大脑就很难按照正常的思维方式去处理问题，而且会被情绪牵着鼻子走。糟糕的情绪会无限放大人所经历的事情。再小的事情最后都可能在情绪的助推下变得不可收拾。

那些因一个眼神，一句话，一次身体触碰，最终导致一方情绪失控，演变成流血事件的社会新闻，大家看得还少吗？愤怒和生气是每个人都会经历的情绪，但总有人能把它处理得恰到好处，不会让人觉得自己是一个"软柿子"、没脾气，又不至于经常被激怒，情绪失控。这中间度的把握，有些人靠的是天赋，而更多的人需要后天不断地思考、分析和训练。

*

在之前的文章中，我提到我从中学时代就开始记录自己情绪最激烈的时刻，这让很多人产生了误解，以为我从那时起就开始关注自己的情绪，开始管理自己的情绪，然而事实并非如此。实际上，我一直到大学快毕业，进行深刻地自我剖析时，才真正明白：我过去的经历之所以经常大起大落，和情绪的时好时坏密不可分。

我得出了一个结论：一个情绪不稳定的人必然会经历人生的不稳定。这就像赌徒扔骰子，你不知道什么时候会扔出最差的结果来。人经常被情绪牵着鼻子走，你不知道哪一次就会在情绪的影响下，一冲动做出十分错误的选择。

一个人哪怕再有能力、职位再高，如果情绪起伏不定，也很难称得上"厉害"。因为我知道，只要创造合适的条件，遇到特定的问题，一旦重压之下情绪崩溃了，平时表现再优秀的人，也将变得不堪一击。也就是从那时起，我下定决心，从各个角度、各个层面去研究分析自己的情绪，去为自己设置情绪管理的最佳策略。

为此我看了很多心理学方面的书，咨询了一些专业人士，在网上搜索下载了不少资料。然后，我无奈地发现，很多关于情绪管理的内容，都是理论多、实践少，很难真正让我们解决自己的情绪问题。

现代科学对情绪问题的研究提供了许多关于情绪的理论，甚至从大脑神经科学的角度做了一些解释。很多研究成果都值得敬佩，不过遗憾的是，目前的有些理论还不能完美地解释情绪发生的机制和原理，也很难像医学那样提供十分精确的科学分析。所以，**情绪这种东西对我们而言，更多的时候就像个神秘的"黑箱子"。**

当我意识到自己在情绪方面的问题后，就开始研究和探索这个"黑箱子"，并且尝试用黑箱理论来解决我经常出现的极端情绪问题。

*

我将自己摸索出来的"情绪黑箱理论"写出，供大家参考。

首先做一下名词解释，所谓"黑箱理论"就是：自然界中没有孤立的事物，任何事物都是相互联系、相互作用的，即使我们不清楚"黑箱"的内部结构，仅注意到它对于信息刺激做出的反应，注意到它的输入—输出关系，就可对它做研究。这有点像我们操作电脑或者手机，你不用管它后台或者内部的"0101010⋯⋯"是如何变化的，电路板是怎么传递信号的，只需要知道你在操作界面按下了什么按钮会出现什么结果就行了。

　　情绪也是这样，即使我们不清楚情绪产生的科学原理，但只要愿意去总结，就一定会发现能引起特定情绪变化的标志，然后对应地制定策略。

　　第一个核心方法是：要控制对情绪的输入。

　　大学毕业我开始分析自我情绪的时候，虽然不知道为什么情绪会很低落，却知道自己在面对什么的时候情绪会发生低落的现象。我曾经专门去思考和做了列举"只要我去做就会引起情绪低落"的事情。比如听一些伤感的音乐，看一场悲情的电影，熬通宵后睡到次日黄昏，深夜里追忆过去的人和事，独自思考人生的意义，等等。我把这些事一件件写下来，然后有意识地回避，尽量不去听伤感的音乐，不去看悲情的电影，一旦发现自己沉浸在过去的回忆中立刻提醒自己，甚至为此放弃了很多和其他文艺青年有关的爱好，比如写诗、做小卡片。

　　这里，我用到了"正向思维"和"剃刀法则"，尽量回避那些让自己产生消极、负面情绪的人和事，尽量远离那样的环境。与此同时，我开始有意识地去发掘那些能给自己带来正能量的输入内容。比如找时间在一张白纸上写下 50 件能让自己感到放松和快乐的事情；更多地看《肖申克的救赎》《阿甘正传》之类的电影，或者去看纯粹放松的吃着爆米花轻松的大片；下载大气磅礴的史诗配乐，一边跑步一边听⋯⋯

　　我认真地推荐大家多去听听歌，看看电影。因为电影和音乐都是可以绕过意识直接作用于情绪的方法。听到一首歌曲，你不需要去理解它，可能光是旋律就可以让你产生某种情绪。

　　比如我有一段时间听不得一些忧伤的歌曲，只要旋律一响起，我就会很悲伤，什么都不想做。后来我开始更多地去听些有气势的音乐，每次听后都会热血沸腾，产生特别想要做点什么的感觉。

知乎 刘看山

真正厉害的人，是怎么分析问题的？

看水还是水，看山还是山～

栩先生

爆发式成长

栩先生

知乎书店

要想改变自己的情绪，最简单也是最重要的，就是下定决心，深入地分析和思考自己做什么样的事会产生什么样的情绪，尽量少做、少接触那些会带来负面情绪的事情，多去尝试那些能给自己带来正能量的事情。

第二个核心方法是：要管理情绪的输出。

即使你再小心翼翼地控制输入端，也总会有一些突发的事件刺激你产生强烈的情绪。对大多数人而言，这种强烈的情绪是很难通过自己的力量慢慢化解的，但通过何种方式宣泄出去，会导致不同的结果。

比如我们手握一把沙，握得越紧，流失得越快。比如很多人提到的"遇事先睡一觉""心情不好吃个火锅"之类的方法。不管什么方法，首要的一条都是，千万不要长时间"硬憋"情绪。

对情绪可以暂缓处理，但一定不能不处理。这也是我对很多孩子的父母说的，小孩子最不擅长控制情绪（从科学的角度来讲，可以控制情绪的前额皮质一般要到 8 岁才能发育好）。很多父母看到孩子不听话，大哭大闹的时候，往往一味采取恐吓、打骂、关禁闭等强硬手段，强迫孩子不再哭闹。

这种做法我虽然不赞同，但也很难去反对，因为很多父母最擅长的管理方法就是三个字"你闭嘴！"我想强调的是，你当下逼着孩子硬把泪水憋回去了，一定要尽快找机会去疏导他的情绪，去安抚他，给他讲道理，和他一起分析。总之，一定要让他把之前没有彻底发泄的情绪找一个途径转化或者宣泄。否则，这些没有宣泄出去的情绪，终有一天会加倍发泄到父母和其他人的身上。

*

在这方面，我经常采取两个策略。

策略一：及时脱离特定情境。

情绪都是由特定的情境引起的。一旦脱离出来，静一静，情绪的影响力会大幅减弱。这就像看电影时可能哭得稀里哗啦，一出电影院，蓝天白云、车水马龙，可能很快就忘掉了刚才那么强烈的情绪。

一个听歌听到动情手舞足蹈的人，你一旦摘下他的耳机，他可能立马就变得无所适从。更典型的例子，就是情侣吵架，在只租得起一间房的时候吵架会更加激烈，人会更加敏感。因为就那么一间房、一张床，所有的情境都是固定的，除非冲出家门，否则根本没法脱离，情绪只会在这种情境里酝酿得越来越浓郁。一旦有了超过两个房间和公共空间后，情况会好很多，因为一旦爆发冲突，两个人都有了各自的空间，可以及时脱离情境，冷静之后再来处理。

策略二："泄洪法"。

都江堰这一千古水利工程十分先进，其核心就是让本该暴涨决堤的洪水通过各种支流（方式）慢慢疏导出去。对应到情绪上，就是不管情绪多么激烈，都尽量不当场、不当面发泄出来。

我一个创业的朋友之前遭遇核心成员流失、现金流紧张等一系列问题，白天若无其事地组织开了十几个会，见了一堆投资人，谁都看不出他心中的焦虑和压抑。到了晚上，才忍不住崩溃大哭。这样的崩溃其实正是一种有意识、有策略的宣泄。

越是强烈的情绪越不可能凭空消失，或者被长期压制。就像任我行的"吸星大法"，即使用霸道的内功压制那些体内"乱窜的真气"，也有可能在某一天失控让人暴毙。最终真正有效的是像"易筋经"那样，科学疏导、有效宣泄，把那些负面的、消极的、不健康的情绪都排解出去，留下那些稳定的、正面的、积极的情绪。

控制，是经我亲身实践后，非常有效的一种方式。 当你尝试用控制输入和输出的方式来与情绪"对话"时，你会发现，管理情绪其实并没有想象中那么难。长时间养成习惯后，你的思维方式、行为模式都会发生很大的变化。当你学会尽可能通过调整，压缩情绪失控的时长和频次后，也就变相地拥有了更多顺风顺水的机会。

人生不顺利，不要以为某个导师指点一下就可以了，或者找个大师起个名、改个运就好了。情绪如果不变，烦恼和痛苦就会永远都在。

3/ 情绪的力量——把情绪从敌人变成朋友

从掌控自己到防止被"精神控制",这是一种"可怕"的能力。 ■

情绪管理不是简单地、无脑地控制情绪,更不是要做一个完全没有情绪波动的人。记得《爱丽丝梦游仙境》这部电影里,大反派就是失去了体验情绪的能力,不得不四处抓人,然后从普通人身上体验她所放弃的某种情绪。

情绪管理不是要让大家成为没有情绪的"机器人",而是为了让大家了解情绪,有意识地去引导情绪,让情绪成为自己的朋友,不让自己成为情绪的奴隶。 人生如崎岖山道,总有太多不平事。学会了情绪的管理,就像老司机开车一样,不管道路如何颠簸,总能尽力保持车辆平稳前行。

情绪管理的最终目的是情绪稳定。人只有在情绪稳定时,才可能理性分析、冷静处理,才可能从容地面对生活里的困难。

二十多岁是一个人情绪稳定能力体现的分界线。有些人一开始会有意识地尽量避免强烈情绪的突然爆发,即使遭受重大打击,也能很快缓过来,保持积极乐观的状态;有些人则情绪一上来就不管不顾,闹得鱼死网破,甚至终其一生都经不起任何情绪上的激发。

想象一下，假如你是老板，对下面的某个员工批评一句，他都能掀桌子骂娘，这样的员工你还用不用？反过来，假如你跟着人创业，创始人稍遇挫折就破口大骂，崩溃大哭，这样的团队还怎么有底气去搏击更大的风浪？假如你已为人父母，还能那么轻易地当着孩子的面就情绪失控，摔桌子、砸板凳吗？其实很多问题家庭的孩子都是因为父母缺乏情绪控制的能力造成的。

字节跳动创始人张一鸣曾经在微博上分享自己关于情绪状态的一个看法：每天都在轻度喜悦和轻度沮丧之间。

咨询公司 Alternative Board 的一项全球调查显示，参与问卷的创业者中，几乎一半人每周工作时间超过 70 小时，与此同时，只有很少一部分人是始终心怀幸福感或热情投入工作的——大部分创始人努力工作，是因为感到了肩上的责任。比如，直面市场、投资人和业务成败，对公司运转中出现的每一种结果负责……可以说，创始人几乎总是全公司压力最大的那个人。长时间的高压会让他们感到烦躁、失眠、健忘、情绪低落、脾气暴躁。

而张一鸣的这种"轻度喜悦和轻度沮丧之间"，就是让情绪保持高度稳定，让自己更加理性地思考公司战略、处理公司问题，还让自己能以更专注的状态投入工作。这或者也是字节跳动的成功秘诀之一吧。

*

所谓的情绪管理，核心并不是控制情绪（这只是表象）。真正要追求的其实是掌控自己。只有学会了确保情绪不当场崩溃、不集中爆发，学会了慢慢合理地宣泄负面的情绪，才能让自己的心境长期处于积极正向的状态中。而这种状态正是一个人干事、创业最需要的状态。

接下来，我要讲的是关于情绪管理鲜为人知的方面：如何通过认清情绪，防止被人"精神控制"。

*

这几年，"精神控制"的话题很热，一些相关的极端新闻也不时出现。

比如，职场里，老板或者上级故意贬低你的能力、打击你，让你对自己能力产生怀疑，最终屈服于他。

让人震惊的是，甚至有不少名校高学历者或者是家境不错的人居然也会中招，跌入人生的深渊。

精神控制无处不在，所以，就一定要想办法避免被其控制。

首先，不要被他人影响或者控制了情绪。

我们来讨论第一个问题，情绪到底是好还是坏？

情绪是人们与生俱来的东西，是先天具有的。无论恐惧还是悲伤，对人们的生活而言都是不可或缺的。恐惧让人们远离危险，悲伤让人们珍惜好时光。

孩子刚出生几个月就已经具备了表达情绪的能力。这时候他们的哭声里已经不只是表达饿了之类的本能的东西了，他们会笑，会不高兴，会反感。这些情绪你很难用好和坏来界定它。

第二个应该讨论的问题是：情绪到底是有用还是没用？

我的观点是，情绪当然是有用的。比如文学创作（写诗或者写小说）时，你没有情绪根本写不出来。有些演员我们之所以觉得他们是在"尬演"，就是因为他们自己进入不了角色，也无法带动观众的情绪。喝酒的作用也是一样。十多人的聚餐，如果彼此都不是很熟，一场聚会很可能变得非常尴尬，但只要有点酒精的"催化"作用，也许大家就能很快"打成一片"，甚至到最后"称兄道弟"，等到酒一醒又觉得有点尴尬了。所以，情绪对人是有用的，毕竟很多时候人们还要制造情绪、渲染情绪。

把问题一和问题二结合起来，就是我要说的关键：情绪是有用的，就看你是往好的方面引导还是往不好的方面引导。

比如，我们要想通过演讲打动人、鼓舞人，就一定要想办法去"勾"起大家的情绪，让大家产生共鸣。《超级演说家》里，有很多演讲者，听完他们的演讲，我们会落泪，会感到内心充满力量，这就是情绪带来的力量。但同样是演讲，希特勒也是渲染情绪的高手，但他最终渲染出来的是邪恶、暴力的情绪。

*

不少"厉害"的人，都是"把握"情绪的高手。

这些人不仅能洞察世事，不会被情绪轻易干扰，更可怕的是，他们能营造符合他们需要的情绪，从而轻易地控制其他人。因为绝大多数人都没有经历过情绪管理的训练，这也就意味着，在一定的场景中，只要能制造出合适的情绪，就能让大部分人的言行向着需要的方向去发展。

下面，我通过两个具体的场景来为大家揭秘，如何防止被他人影响甚至控制情绪。

*

第一个场景：

美剧《纸牌屋》的第一季里，有段非常经典的剧情。男主角弗兰克被工党领袖马蒂组织的罢工事件搞得压力巨大，在电视辩论赛上更是被马蒂弄得阵脚大乱、一败涂地，感觉弗兰克都已经无力回天了。但最终弗兰克成功扭转乾坤。

原来弗兰克设计了一个"阴谋"，诬陷马蒂和他的工会。

但事实上，这个"阴谋"并不重要。在国会约马蒂谈判时，弗兰克毫无愧色地向马蒂展示了自己是如何诬陷他的。他并不怕阴谋暴露，因为真正的阴谋并不是如何去诬陷，而是去激怒对手。在用了很多侮辱性的词语后，弗兰克终于成功激怒了马蒂。马蒂情绪失控，对着弗兰克脸上来了一拳，等看到弗兰克脸上流血，他才意识到上了弗兰克的当。袭击议员是重罪，而且还是在国会，为了免于被起诉，马蒂只能停止罢工运动。

这段电视剧情几乎就是《教父》里那句名言的案例教学。

绝对不要憎恨你的敌人，那会影响你的判断。——《教父》

这就是典型的利用情绪当武器。当你被对手引入了特定的"情绪陷阱"，丧失了理性的判断，就很容易做出他人期望的错误行动来。

在本章的开头，我讲了我在上班路上看到的一个情绪失控的小伙子。如果他一直都像这样，轻易就被激怒到失去理智，那他将很容易被别人控制情绪。愤怒会让一个人的弱点变得更加明显。比如，在他面临重大关口（考试、相亲、重要会议）时，如果有人激怒他，就可以让他举止失措、心理失衡，造成极其严重的干扰。

*

第二个场景：

两个青年男女彼此已经有点好感，却迟迟不捅破最后一层窗户纸。他们经常约着吃饭，经常在微信上聊天，甚至还会一起去散步。但很可能，所有的这一切还是和爱情无关。很多人没有意识到，爱情从某种程度上讲，是一种升华的、更持久强烈的情绪。要想双方产生爱情，最重要的就是要共情，让彼此间的情绪在某一时刻同步。如果不能产生共情，吃再多次饭也不过是"见面"，逛再多次街也不过是交往，讲再多的故事也不过是听"单口相声"。

那中间差的一把火就叫"怦然心动"。很多人可能都是等着这种怦然心动降临，但总有一些"高手"能刻意制造出这种怦然心动来。不要以为这很难，其实从心理学来讲，所谓的怦然心动，就是某一瞬间，情绪越过理性思维控制了大脑。那一刻没有思考，大脑一片空白，只感到强烈的、纯粹的情绪冲动。所以这最后的一步就是要激发出人最强烈的情绪。

自古而来，在人类所有的活动中，最能激发人情绪的场景就是四个字：生离死别。我们无法做到死别，却能创造出生离来。在电视剧《恋爱先生》里，正是罗玥的离去，让程皓真正认识到自己对她的深厚感情。当然，这种生离不一定是轰轰烈烈的辞职、换城市，可以是一段长时间的出差，也可以是出于某些原因而不得不进行的刻意回避，还可以是某些精心设计的"闭关修炼"……

多情自古伤离别。人在这时候，内心会充满感伤、不舍的情绪，只要稍加引导，就会演变成一股股冲动。这种情况下的一顿"散伙饭"，只要时机合适，就可能变成定情饭，送别就会变成吻别……

如果有人精心设计这种场景，制造情绪，哪怕手里只有一枚草戒指，也能让男神或女神感动到难以自己。

如果你看不透这层表象，很可能就在稀里糊涂间被人俘获了。

*

我前面讲了两个场景，主要是提醒一下大家关注情绪的力量。

懂得这些东西，不是为了让大家成为通过控制情绪去玩弄别人情绪的"高手"，而是为了避免自己情绪被他人操控。看《三国演义》的时候，你会发现里面的曹操、孙权、刘备等动不动就会"大怒"或者"大喜"。

（孙）权大怒……曰："汝二人将这口剑去取吾妹并刘备头来！违令者立斩！"

（曹）操骂曰："卖履小儿，常使假子拒敌！吾若唤黄须儿来，汝假子为肉泥矣！"

玄德接过，掷之于地曰："为汝这孺子，几损我一员大将！"

但事实上，**他们大喜的时候并不是真的大喜，大怒的时候也不是真的大怒，他们只是在需要的场合准确地表达出了最适合的一种情绪。**比如，刘备"怒摔阿斗"，他的这一"怒摔"，就收服了赵子龙这一员猛将的心。

人生在世，你必须学会恰当地表达自己的不满，学会诚挚地表达自己的赞同，学会真诚地表达自己的感激……哪怕你其实并没有那么多的赞同、那么多的感激之情。人有时要学会将自己真实的情绪藏起来，展示应该展示的情绪。也许这种情绪，实际上并不是你当下最真实的情绪反映，是经过自我修饰后的产物。

情绪管理 21 天打卡挑战

在本章的最后，我设计了一个小小的表格。希望能帮助大家记录和了解自己在日常生活中的情绪状态。

更重要的是，希望大家能给自己定一个明确的目标，在这 21 天里，做一个情绪稳定的人，包括不失控、不发脾气等等。

情绪管理 21 天打卡挑战				
天数	今天的主要情绪状态	今天引起情绪波动最大的事情		为自己今天的情绪状态打个分（分值越高，情绪越稳定）满分 10 分
		起因经过	情绪感受及所采取的行动	事后结果	
1	快乐□ 悲伤□ 恐惧□ 压抑□ 愤怒□ 嫉妒□ 其他□ ＿＿＿				
2	快乐□ 悲伤□ 恐惧□ 压抑□ 愤怒□ 嫉妒□ 其他□ ＿＿＿				
3	快乐□ 悲伤□ 恐惧□ 压抑□ 愤怒□ 嫉妒□ 其他□ ＿＿＿				

（续表）

4	快乐□ 悲伤□ 恐惧□ 压抑□ 愤怒□ 嫉妒□ 其他□ ＿＿＿＿				
5	快乐□ 悲伤□ 恐惧□ 压抑□ 愤怒□ 嫉妒□ 其他□ ＿＿＿＿				
6	快乐□ 悲伤□ 恐惧□ 压抑□ 愤怒□ 嫉妒□ 其他□ ＿＿＿＿				
7	快乐□ 悲伤□ 恐惧□ 压抑□ 愤怒□ 嫉妒□ 其他□ ＿＿＿＿				
8	快乐□ 悲伤□ 恐惧□ 压抑□ 愤怒□ 嫉妒□ 其他□ ＿＿＿＿				
9	快乐□ 悲伤□ 恐惧□ 压抑□ 愤怒□ 嫉妒□ 其他□ ＿＿＿＿				
10	快乐□ 悲伤□ 恐惧□ 压抑□ 愤怒□ 嫉妒□ 其他□ ＿＿＿＿				

（续表）

11	快乐□ 悲伤□ 恐惧□ 压抑□ 愤怒□ 嫉妒□ 其他□ ＿＿＿			
12	快乐□ 悲伤□ 恐惧□ 压抑□ 愤怒□ 嫉妒□ 其他□ ＿＿＿			
13	快乐□ 悲伤□ 恐惧□ 压抑□ 愤怒□ 嫉妒□ 其他□ ＿＿＿			
14	快乐□ 悲伤□ 恐惧□ 压抑□ 愤怒□ 嫉妒□ 其他□ ＿＿＿			
15	快乐□ 悲伤□ 恐惧□ 压抑□ 愤怒□ 嫉妒□ 其他□ ＿＿＿			
16	快乐□ 悲伤□ 恐惧□ 压抑□ 愤怒□ 嫉妒□ 其他□ ＿＿＿			
17	快乐□ 悲伤□ 恐惧□ 压抑□ 愤怒□ 嫉妒□ 其他□ ＿＿＿			

（续表）

18	快乐□ 悲伤□ 恐惧□ 压抑□ 愤怒□ 嫉妒□ 其他□ _____				
19	快乐□ 悲伤□ 恐惧□ 压抑□ 愤怒□ 嫉妒□ 其他□ _____				
20	快乐□ 悲伤□ 恐惧□ 压抑□ 愤怒□ 嫉妒□ 其他□ _____				
21	快乐□ 悲伤□ 恐惧□ 压抑□ 愤怒□ 嫉妒□ 其他□ _____				

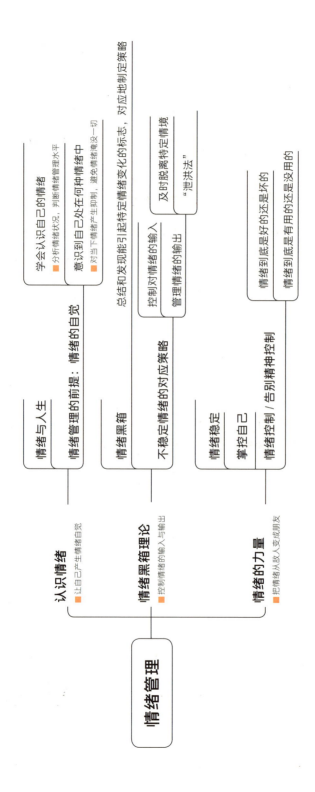

情绪管理

认识情绪
■ 让自己产生情绪自觉

情绪黑箱理论
■ 控制情绪的输入与输出

情绪的力量
■ 把情绪从敌人变成朋友

认识情绪
　情绪与人生
　情绪管理的前提：情绪的自觉
　　学会认识自己的情绪
　　■ 分析情绪状况，判断情绪管理水平
　　意识到自己处在何种情绪中
　　■ 对当下情绪产生抑制，避免情绪淹没一切

情绪黑箱
　不稳定情绪的对应策略
　　总结和发现能引起特定情绪变化的标志，对应地制定策略
　　控制对情绪的输入
　　管理情绪的输出
　　　及时脱离特定情境
　　　"泄洪法"

情绪的力量
　情绪稳定
　掌控自己
　情绪控制／告别精神控制
　　情绪到底是好的还是坏的
　　情绪到底是有用的还是没用的

第七章

形象管理:
"以貌取人",曾经是选拔人才的规定吗?

形象管理的本质是自我管理在个人
形象上的展现。

1 / 形象管理的本质——与自我管理的关系

管理不好外在形象的人也
很难管理好自己的内心。∎

　　小时候，我在杂志上读过不少爱因斯坦的故事，有些也不知道到底是真是假。其中有一则小故事，我至今记忆犹新。

　　据说，爱因斯坦有一天在大街上遇见了一位朋友。朋友看到他一直穿着一件很旧的大衣，便忍不住和他说，爱因斯坦先生，你有必要买一件新大衣啦。可是爱因斯坦却回答道，不买，反正这里谁也不认识我。

　　几年后，爱因斯坦成了著名的物理学家。有一次，这位朋友又遇到他，看到他仍然穿着当年那件大衣。于是朋友再一次劝他，赶紧换件新的大衣。没想到爱因斯坦这回却说，何必呢，反正现在这里每个人都认识我了。

　　这个故事主要是讲爱因斯坦的幽默，以及不注重外在着装的特点。爱因斯坦到底有多幽默，我不知道；但爱因斯坦确实不修边幅，很多书都这样写。

　　据说，2012年希伯来大学爱因斯坦网上档案馆建立后，首次在线上公开了一批文件。这些文件中，除了一些珍贵的学术文献，还有一位6岁小女孩给他写的信。而这封信吸引人的地方，压根不是这个小姑娘有多喜欢物理多喜欢学习，而是连她都看不下去爱因斯坦的外在形象了。

下面是这封信的译文，大家一起欣赏一下。

"亲爱的爱因斯坦先生：我是一个 6 岁的小女孩。我在报纸上看到了你的照片。我觉得你应该赶紧去理发，这样能让你看上去更好点。"

爱因斯坦的故事深入人心，但不得不说，我小时候从中学到的道理却非常搞笑。我当时的想法是，爱因斯坦这么厉害，肯定是把精力都放在学术追求上了，看来外在形象压根不重要，一个人专注内在美就好了，邋遢点没关系的。

以至，有一段时间，我自己也多少有点不修边幅……

但随着年龄渐长，特别是走上社会后，我逐渐明白：爱因斯坦可以不修边幅，但你我却不行。我越来越意识到在工作中、在团队里，一个人做好形象管理的重要性。

形象管理（注意我说的不是单纯的长相），对于个人发展绝不仅仅是锦上添花的作用，有的时候它可能会非常重要。

重要到什么程度呢？"以貌取人"曾经是我国古代选拔官员时的硬性标准。唐代选拔官员有四方面的条件要求，一是身，二是言（言谈），三是书（书法），四是判（判案文辞）。其中第一条要求就是"身"，意思就是身材相貌，要丰满高大。

后来的朝代，虽然对官员的选拔标准有所变化，但是一个人的外在形象始终会在很大程度上影响上级、同事对他的判断。有人甚至因为长得不好看，到手的状元都飞了。

这位不幸的状元就是古代建文帝时期的王艮。王艮在殿试中策论获得第一名，按理就是当科状元了。但是，据史书记载，就因为他"貌寝"（相貌不好），建文帝不喜欢他，把状元给胡广了。

我们要清楚的是，不管在今天还是在未来，人的外在形象始终是他人评价时一个重要的参考维度。同样，通过笔试的一群毕业生去参加企业的群体面试，谈吐好、形象佳的同学，就会有更大的概率被录用。

人到底为什么要做形象管理？答案或许很简单：**多数人天然是"以貌取人"的。**

人不可貌相，这应该是我们对自己为人处世的要求。但这还只是答案的一部分。更为重要的是：做不好形象管理的人，往往也是做不好各种自我管理措施的人。不要因为爱因斯坦头发像杂草一样，就认为个人的内在成长和外在形象关系不大。实际上，只要你仔细去观察观察，很多真正有成就的人都对自己的外在形象有很高的要求，有时候这种要求甚至近乎严苛。

管理不好外在形象的人，也很难管理好自己的内心。

请注意，我们常说的"以貌取人"，有时并不是贬义词，因为一个人的外在形象，很多时候确实能反映出他平时的生活状态、自我管理能力等。但外在形象并不单单指一个人天生的长相，还包括了日常洗护、服装搭配、肢体形象等后天可以努力的东西。

当然，你也可能会问，既然爱因斯坦可以不修边幅，为什么我们就不可以呢？这确实是个挺有意思的小问题。所以我才故意用爱因斯坦不修边幅例子作为开篇案例。其实，你只要观察过科学家、艺术家与政治家、职业经理人这些群体在外在形象上的差别，或许就能明白一二。具体的答案就留给你自己思考吧。

总而言之，我不是时尚博主，我讲形象管理不是教你怎样时髦动人，而是想告诉你，在职业发展、个人成长的过程中，形象管理是不可忽视的一项能力，我以自己的体会和你分享具体应该怎么进行形象管理。

我坚持一个看法：**形象管理的本质是自我管理在个人形象上的展现。**

自我管理说到底是一个从内到外的过程。对我们来说，更为重要的永远是先把握一些关键性的原则。有意思的是，这些原则很重要，但可能平时很少有人谈，网上也很少能搜到。所以，这里我要首先分享我对这个话题的思考。

2/ 四个基本守则——良好形象的"最大公约数"

我们既要认识到"相貌堂堂"的价值，也要明白"相由心生"的道理，同时，还要懂一点"凡所有相，皆为虚妄"的知识，解构那些虚幻的消费主义妄念。 ∎

在开始分享形象管理基本守则之前，我想问你三个小问题：

第一个问题：今天的视频网站上，有很多看起来美美的小姐姐小哥哥，你喜欢看吗？

第二个问题：你在工作中遇到过这样的小姐姐小哥哥吗？

接下来是第三个问题：如果遇到了，你会放心地把你认为很有挑战性的工作交给她或他去完成吗？

对于这些问题，每个人当然都会有自己的答案，答案也不一定都相同。

但我用这些问题引入，只是想告诉你，生活中其实有不少人在形象管理上是做了些功课，但实际上却不知不觉给自己挖了"坑"。这是由于他们并没有意识到，形象管理也是有一些基本守则的，他们有意无意违背了这些守则。

以下就是我总结的个人形象管理的四大基本守则。如果你能做到这些，不说对自己有多大的帮助，至少在个人形象这件事上不会给你减分。

1. 状态上：精神饱满、积极向上是基本要求

我观察过不少做出成就的人，他们的特点真的可以说千差万别，但有一个特点几乎是每个人的标配，就是精神饱满。

大部分时候，这些人看起来就像一台永动机，不知疲倦地做事、开会、谈判。而他们本身也愿意和精神饱满、积极向上的人打交道。

人各有特色，确实有的人具有诗人气质，眉目间尽是伤春悲秋之气；也有的人看上去柔弱可人；当然还有人是慢性子，做事较慢，这都不是什么不好的特点。我们谈形象管理，是从职场、从个人成长的角度来谈的。

当然，我不是说我们需要永远像打鸡血一样（事实上这样的状态也不可持续），而是说，我们在职场里、在工作状态中，最好在外貌、动作中都能体现出自己干练的一面。

一个打扮得柔柔弱弱的小姐姐小哥哥，在视频网站上可能会吸引一些人的关注，如果他们就靠这些来进行流量变现，那可能是他们的一种生存策略，尽管我不提倡。但是，如果你在工作中模仿他们的妆容打扮、语气神态，那身边的领导、同事很可能会担心——这么柔弱能不能扛得住事啊？敢不敢负责任啊？

职场需要的是一个人精神饱满，这样工作才有干劲。

2. 形象上：干净整洁是第一要义

形象上要干净整洁。这听起来很简单，但真正做起来，很多人会忽视。大家应该知道"杀马特"、非主流这些词的意思吧。今天我们可能看到这样的照片就忍不住笑：为什么有人会打扮成这个样子？

其实，关于这个问题，我和一位看起来非常干净、清秀的朋友聊过，因为当年他就是非主流中的一员。他是这么说的："当年，我是发自内心地觉得那种造型是真的酷，我专门要求理发师给我理成那种不齐的刘海。今

天看起来简直是丑……"

他剖析自我的时候非常真诚。我们认真地探讨了这个话题，最终只能得出一个结论：很多时候所谓美感就是主观的。在当时的风潮中，很多人就是觉得那样好看，就像你现在看一些老照片里人的装扮，你或许会觉得不美，但在那个时代来看，那样是好看的。

美的标准、时尚的标准总在变化。但，另一样东西也是相对客观的、不变的，那就是：**干净整洁。这其实是一般人审美的"最大公约数"。**

在职场社交场合中，不管你打算让自己呈现怎样的外在形象，最好让自己变得干净整洁些。有些年轻人每天都穿着帅帅的衣服，但是头发总是有一块翘起来（我真的见过很多男士都是这样）……提醒这些男士，不如每天早上多花 5 分钟时间洗一次头，把头发打理得清清爽爽。

3. 风格上：符合定位，不妨"随波逐流"

在形象管理上，随大流反而烦恼少，刻意标新立异，就要接受被当作异类的风险。

网上经常有人半开玩笑地吐槽：你们这些程序员是不是一辈子只会穿格子衫啊？对此，我的看法有点不同。我有一个有意思的观察：其实，程序员穿格子衫看起来有点土，但作为一个职场人至少是及格的。

为什么？原因就是这符合他的定位，并且符合周围人的行为习惯。

我有一位朋友，当年去互联网公司面试，西装笔挺，和面试官聊得挺好，但是不知道为什么，面试官看着他露出了几次莫名其妙的微笑。我朋友不知道这微笑到底是什么意思，直到他入职的第一天。

入职那天，他依然西装笔挺地去报到，还特意把头发梳得锃光瓦亮。结果一到工位他就发现，尴尬了。同事们要么穿着 T 恤，要么就是格子衬衫，而他就像个去做生意的销售人员，显得很突兀。

西装笔挺穿了不过一天，我朋友很快就入乡随俗了。第二天，他就着一身休闲装去上班了，坐在那儿心里也自在多了。

这样的情况并非孤例。我想说的是，在职场上，形象管理的一般目标并不是让别人看到你就觉得眼前一亮，而是为了让人觉得你是一个靠谱的合作对象。因此，一个较优的策略是永远不要太特立独行，符合他人对你身份的预期，并和你身边的领导、同事气场相合就可以了。

如果你们公司是互联网技术公司，除了领导或客户来访，工作场合就别穿西装了；如果你们公司是金融公司，那就一定要多备几套好西装；如果你们公司是游戏公司，你奇装异服去上班也没人感到奇怪；但如果你在一家很传统的制造企业工作，身边都是年龄较大的同事，那你最好把那些潮一点的衣服留到私下和朋友们吃饭的时候穿……

对程序员来说，优秀的外在形象也肯定不是穿西装敲代码，可能只是穿着更舒服美观一些的 T 恤而已。假如你看到一个打扮得油光锃亮的程序员小哥哥，是不是也会心里有点打鼓：这看起来不像技术人员啊，专业行不行啊？

4. 观念上：一定要把握适度的原则

最后，不管在什么情况下，做好形象管理都要把握适度原则。这里的适度有两层意思。

第一，你的个人形象永远不要极端化。比如说，太胖不好，其实太瘦也不可取，太瘦不仅不利于健康，而且会显得柔弱，甚至让人担心健康问题。

第二，更为重要的是，做形象管理这件事情，在时间、精力、金钱上都要适度。形象管理只是自我管理中的一环，把全部精力都花在形象的外观上，在我看来，也不可取。

之所以要特别强调适度，是因为我们身处一个消费主义浪潮汹涌的时代，这是全世界都面临的一个问题。很多时候，不是需求本身创造了消费，而是阶层攀比的心理刺激了消费。我在一篇文章中曾讨论过这个问题，即要按相应能力、时间和金钱打理形象，量力而行。

今天，大部分情况下，不管你是年轻的职场人还是大学生，你都有能力用合适的方式让自己拥有良好的外在形象。相反，如果某些产品并不适合你，哪怕你穿再多名牌，也有违和感。

当然，我们学习形象管理，既要认识到"相貌堂堂"的价值，充分重视自我的外在形象，也要明白"相由心生"的道理，在注重外在形象的同时，还要关注内在的自我管理，懂一点"凡所有相，皆为虚妄"的知识，可以解构那些虚幻的消费主义妄念。

3/ 重塑"精气神"——改善动态形象和固态形象

一个人的形象管理能力是
可以通过后天努力得到极大
强化的。∎

相貌是天生的，但一个人的形象管理能力却是可以通过后天努力得到极大强化的。即使你觉得自己天生长相有点吃亏，但是你的精气神、你的气质是可以得到很大改变的。而这些才是对你人生影响更大的事。

形象管理应该包括哪些方面呢？我想了很久，思考出两个概念，我把它们称为**动态形象和固态形象。**

这是一个框架式的总结。所谓动态形象，指的就是人需要行动起来才会呈现出的形象。它更多地体现在和他人交流沟通的过程中。所谓固态形象，指的是人不需要行动起来也会呈现出的形象。是不管什么时候，不管是和谁交流，还是一个人安静地待着，别人都会关注到你的那些形象，是相对固定的。

这两种状态是一个简单的、粗略的概括，其实就是一个人，或职场人、社会人最常具备的两种状态。在你和他人进行沟通之前，对方会注意到你的固态形象。当你们有了互动之后，对方会进一步关注你的动态形象，进而对你形成更深的印象。

动态形象和固态形象具体包括哪些内容？我大概做了一个梳理，梳理出了 11 个比较重要的维度。

（一）动态形象

1.语言交流：（1）语言内涵；（2）语速语调语气；（3）口齿清晰程度。

2.体态动作：（1）坐姿站姿；（2）沟通动作；（3）面部表情。

（二）固态形象

1.内在因素：（1）饮食；（2）锻炼；（3）睡眠。

2.外在因素：（1）女士妆容、男士发型；（2）穿搭。

下面，我分别展开来讲讲，在这 11 个维度中，我们都应该注意点什么。当然，我给的是一些框架性的建议。有了这个框架之后，你可以自行对照，发扬自己的长处，补上自己的短板。另外，在本文的最后，我也会给出能同时提升这四个方面形象的两种办法。

一、动态形象

1. 语言交流

语言交流在形象管理中非常重要。我相信你肯定有过这样的体验，看到一个小伙子或者一个姑娘觉得形象非常赏心悦目，但是，一旦开始聊天，还没聊上多久，印象分就直接打了折扣。

为什么呢？因为一个人说话的样子最能体现他或她的素养和风度。不管是谈恋爱还是谈事情，最重要的都是"谈"这个字。

怎么给自己在这方面的形象加分？有三个维度可以着手：（1）语言内涵；（2）语速语调语气；（3）口齿清晰程度。

首先是语言内涵。腹有诗书气自华，这句话绝对不是虚言。当然，在这方面，只能建议你多阅读此方面的书，多通过思考提升思想深度，慢慢积累，增强这方面能力。其他没有什么捷径。

其次是语速语调语气。说话太快或者太慢，都很让人难受。语调语气过于平淡，可能让人抓不住重点；语调太激烈或者语气不妥，也让人很不舒服。

再次是口齿清晰程度。你要是说普通话很不标准，或者说话的声音绵软无力，在沟通中就很吃亏。

和内涵相比，这两个维度可以更快地得到改善。如果你的语言表达确实对你的个人形象产生了比较大的影响，可以试试下面几个办法：

比如，去参加普通话证书考试。模仿是最好的学习办法之一。考普通话证书需要朗读很多课文，而且都是具有示范性的。它能让你的练习更符合标准，同时朗读时也能更好地控制语速、语调、语气。又如，去看看优秀的谈话、聊天节目。再如，去练习唱歌，现在网上有不少声乐课可供选择。一个普通话发音不标准的人，可能唱起歌来发音却很标准，坚持练一段时间，反过来也能帮助自己进一步提升口齿清晰度。这也是训练学习的效果。

学习唱歌还有一个好处——教你学会更合适的发声方法。很多人说话绵软无力的原因在于，只用喉咙发声。学唱歌能让你学会怎样用丹田发声。

2. 体态动作

在体态动作方面，我们应该注意的要点包括：（1）坐姿站姿、走路姿势；（2）沟通动作；（3）面部表情。

首先是要注意坐姿站姿、走路姿势。很多人应该都被吐槽过"坐没坐相，站没站相"。我们的站姿和坐姿不好看，往往体现为含胸驼背这种不自觉的身体习惯。有这方面困扰的人可以试试下面的办法。

比如，靠墙站。这个办法真的挺有效。很多人走路、坐着都会向前倾，但要是有意识地抬头挺胸，有时候又会矫枉过正。靠墙站的时候，人处在一种比较标准的站立状态下。而站姿也会影响坐姿和走路姿势。每天有空的时候站一站，过一段时间就能有所改善。又如，运动健身。健身可以塑形，不必多说。除此之外，跑步、骑动感单车、游泳，都是不错的方法。

在这里，我想特别强调一点：如果你总是弯腰驼背或者两肩不平衡，你应该考虑自己是不是需要进行骨科治疗。我也是最近几年才发现，很多人在青少年时期就出现了脊柱侧弯等问题，但是不少人却一直没有发现这个问题的严重性。如果你脊椎、颈椎、腰椎等存在不适，不仅仅会影响体态，更会影响你的身体健康。

其次，我们也应当注意沟通中的动作。我们可去看一些名人的演讲，会发现他们的动作往往和语言、表情都配合得很好。但我们很多人在这方面做得是不太好的。

一般来说，需要注意两点。一是要有意识地在沟通中学会做动作，这是主要的一点。很多人讲话的时候基本没有动作，很难让听众感觉到内容起伏、情绪状态。对这方面有兴趣的人，推荐你去看看 TED 演讲，很多演讲者既不会把动作做得特别夸张，又能充分利用动作调动演讲的节奏。

二是要避免一些无意识的动作，有的动作可能被认为有不友善或不恰当的含义。比如，我有朋友在点菜的时候习惯用中指而不是用食指去指着菜单，这会被服务员误认为不友善……还有一些"不友善"动作，此处不多举例了。这方面更多还是要靠每个人自己去留意。

再次，要注意交流时的面部表情。面部表情的管理应该属于形象管理中比较重要的一点。不少人容易"喜怒形于色"，比如看不起一个人，往往会不自觉地流露出翻白眼等鄙视的神情，其实他们自己可能根本没注意到……另外，有人会有耸鼻子、皱眉等让人觉得不适的习惯性表情。有的微习惯是从小养成的，更需要刻意地去纠正。

而另一部分人则能有意识地管理自己的面部表情，他们不仅可以喜怒不形于色，甚至让表情成了自己个人品牌的一部分。比如你去读《三国演义》，会发现曹操总是会大笑，这既成为他个人的独特标签，也成为他调动他人情绪的武器。

这里有个简易的具体方法：多对着镜子讲讲话。这可以让你更了解自己各种表情的视觉效果。不过，要想真正管理好面部表情，还是要主动观察自己的情绪、克制情绪、调动情绪。我一直说，自我管理是个系统性工程，其中形象管理和情绪管理有着交叉联系，这方面大家可以自己多琢磨琢磨。

二、固态形象

说完了动态形象，咱们来说说固态形象。一个人的固态形象就是一眼看上去的所谓精神面貌。而精神面貌由什么决定呢？一方面是你内在的精神状态，精气神；另一方面，就是外在的造型修饰了。

1. 内在因素

内在的精神状态靠什么？除了内心目标感、驱动力的外在体现，还得靠：（1）饮食；（2）锻炼；（3）睡眠。关于这方面的内容，我们在自律、时间管理这一章节会重点介绍，就不在这里展开讲了。

2. 外在因素

我们可以利用两种工具让自己看起来呈现出更好的状态：（1）女士妆容、男士发型；（2）穿搭。

今天，要想学习此类相关的具体知识其实非常方便。打开一些网站，就能看到很多美妆、穿搭教程。我在这里只补充强调两点。

第一，对一部分女士来说，最可能犯的小错误往往不是不懂妆容穿搭，而是穿搭与当下场景不契合。对职场而言，好的穿搭不是花枝招展，而是两个字：得体。

第二，对男士来说，需要重点关注一下发型。这是因为男士大多数不化妆，发型往往会成为影响他们造型的主要因素。但据我观察，很多男士的发型都有些凌乱（也可能是非常凌乱）。

解决方法并不复杂，关键是不要抱着"我是男的，可以不太注重仪表"这样的心态，知道该怎么做后，要坚持去做。例如，你可以找一个熟悉自己的可靠的理发师，保证头发不会被理得"乱七八糟"。同时，如果你能把洗头的时间从每天晚上换到早上，可能也会看起来精神不少。

4/ 两个独特方法——案例学习法与表演提升法

做任何研究，一开始都可以先找个榜样，从"亦步亦趋"开始，这叫作"案例学习法"。■

我们不妨思考一个问题：谁是最注重形象管理的人？

答案是明星、演员。因为他们往往要靠"形象"吃饭，所以在谈吐举止、饮食锻炼、妆容穿搭等方面当然都会很注意。其实，这是他们的工作在倒逼他们做好形象管理。

我们普通人有什么好办法能倒逼自己呢？

阅读、学习，这些办法能提升个人涵养，由内到外改善你的形象。但这是一个长期的过程。如果你想在中短期先从外部入手提升个人形象，不妨就借鉴明星、演员们的办法。

一、案例学习法："利用"明星，帮助自己提升形象

我们不必追星，但是我们可以"借"明星来帮助自己提升形象。你可

以去找这样一个明星——你认为他或她的形象比较符合你目前希望成为的样子——然后去观察、学习他或她的谈吐、动作、穿搭风格等等。

我不爱追星，但我爱观察一些优秀的演员明星的形象定位。以男演员为例，陈道明看着就是一位得体的中年知识人，吴京是铁血硬汉的形象，孙红雷是"坏坏的"但靠谱的形象，黄渤是幽默有才的形象，胡歌是明明可以靠颜值却偏偏无比努力的形象……

多观察几名演员和他们扮演的角色，多看几部电影电视剧，你总能看到一些形象，是自己想要成为的样子。

这不是让你去做模仿秀。而是因为，我们从事任何研究，在一开始的阶段都可以先找个榜样，从"亦步亦趋"开始，这叫作"案例学习法"。形象管理这一主题，同样不例外。借助明星，可以更快更好地掌握一些诀窍和方法。等你慢慢通过"案例学习法"掌握了一些基础方法，你自然可以更有针对性地学习这一方面的知识。

二、表演提升法：参加舞台表演，呈现更好的形象

我有一位朋友，他是南方人，普通话发音不太标准，性格内向，讲话声音不够响亮。刚上大学的时候，他每次聊天时吐字都不太清楚，而且他的打扮有点像周杰伦，所以我们给他取了个外号叫"文学院周杰伦"，调侃他讲话像周杰伦唱歌一样，发音让人听不懂。

但是，到了大二大三的时候，我们慢慢地发现：他怎么现在讲话利索了不少？吐字清晰，语速语调适中，而且中气很足。不仅如此，他走路的姿态原来不标准，现在也变得笔挺了不少。

一开始，我们根本不知道到底是什么让他有了这些改变。直到后来有

一次，我们在看他进行话剧表演时，才恍然大悟：原来，就是因为他参加了学院的话剧社。

他参加话剧社之后，平时要经常练台词、练走台步，当然，也要打理好精神状态，不知不觉中，整个人就发生了不少变化。他参加社团本来只是自娱自乐，没想到有了意想不到的收获。

从这之后，我有时就会下意识地关注那些参加过舞台表演的同学。舞蹈特长生就不用说了，他们的身材一般都很匀称优美；表演乐器的同学很少含胸驼背；业余时间经常去合唱团参加活动的同学，体态也或多或少有了一些改变。

当然，我们绝大部分人不会去做专业演员，但如果你是大学生或者是年轻的职场人，其实是可以参加一些表演社团的，学习话剧、乐器、唱歌等舞台表演。相信我，在排练、表演的过程中，你在语言交流、形态动作、妆容穿搭方面可能会有非常明显的提升。

多年后，重新想起"文学院周杰伦"的故事，让人感慨颇多。他出于好奇和兴趣去练习话剧表演，没想到却让自己在形象管理上有了突破。其实，在个人形象管理方面，乃至在整个自我管理、自我成长之路上，如果你有心，愿意去改变，往往会有很多意想不到的收获。

人生之中有太多"种瓜得豆"的故事。一两次的播种也许没有结果，不要计较，重要的是：要一直坚持耕耘，这是专属于终身成长者的快乐，不足为外人道也。

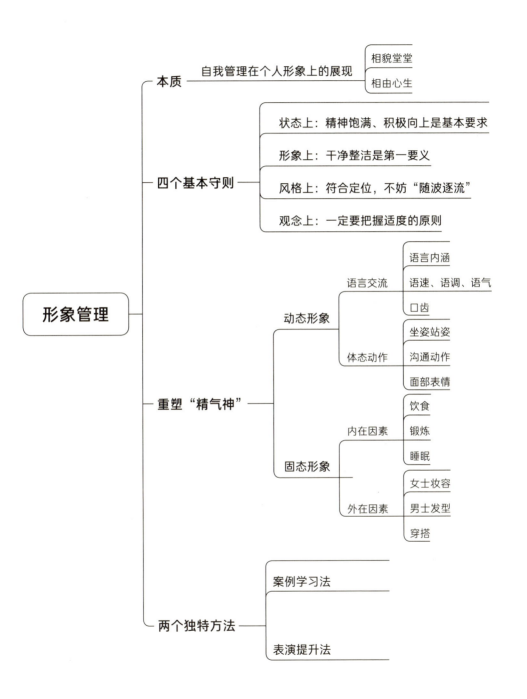

形象管理

本质 —— 自我管理在个人形象上的展现
- 相貌堂堂
- 相由心生

四个基本守则
- 状态上：精神饱满、积极向上是基本要求
- 形象上：干净整洁是第一要义
- 风格上：符合定位，不妨"随波逐流"
- 观念上：一定要把握适度的原则

重塑"精气神"
- 动态形象
  - 语言交流
    - 语言内涵
    - 语速、语调、语气
    - 口齿
  - 体态动作
    - 坐姿站姿
    - 沟通动作
    - 面部表情
- 固态形象
  - 内在因素
    - 饮食
    - 锻炼
    - 睡眠
  - 外在因素
    - 女士妆容
    - 男士发型
    - 穿搭

两个独特方法
- 案例学习法
- 表演提升法

第八章

自律:
跳出自虐陷阱，通往自
由境界

自律不只是一种生活方式，更是一
种思维方式。

1/ 走出常见误区——自律有三重境界，你在第几重?

> 今天不想跑，所以才去跑，
>
> 这是长距离奔跑者的思维方式。■

自律，是一个我们很多人天天都在谈，很多文章天天都在写的概念。但没有多少人去深度思考，什么叫自律。我先问大家几个比较尖锐的问题。

禁欲算不算自律，无欲无求算不算自律?

重感冒到极其难受的地步还坚持去健身房跑步算不算自律?

每天按时吃饭睡觉，从不和人打交道算不算自律?

第一个问题我们后面单独回应。后两个问题里说的事，如果真的有人去做，我个人觉得纯属思维有问题。自律就是自我折磨吗? 自律就是要把自己变成机器人吗? 这绝对是对自律的误解。

我们不是苦行僧，不是要修仙练道，吃斋念佛。**所有的自律归根到底，应该都是为了更好的自己和更好的生活**。你应该分析: 你所谓的那些自律有哪些让你变得更好，让你的生活越过越好了?

自律不只是一种生活方式，更是一种思维方式。开始自律之前，一定要先动脑筋去想明白: 自律到底是什么?

这里需要用到框架式思维：理解一个概念，首先要设置几个框框，把它圈住，才好从内涵、外延各个角度去观察它，了解它。所以按照框架式思维的方法，我将在本章中详细解答关于"自律"三层境界的认识。

*

第一个层次：学会控制。

自律的下限应该是有意识的控制。在"底层思维"这一章里，我讲过：人的思维是可以训练的。也就是说，如果你找到科学的方法，有意识地去锻炼，它会帮助你的主动意识慢慢接管那些被本能支配的部分。

这其中，接管高级意识的部分是底层思维。而接管基础本能（吃、睡、性欲、情绪等）的部分就是自律。人最核心的一点就是，你需要按照自己的真实想法来生活、工作，而不是凭借本能和感觉。

在这个层次里的自律，是你根据自己的思考和需要，去有意识地抵抗那些让你沉溺其中的本能欲望。比如，无节制的饮食，熬夜刷抖音，晚睡晚起，等等。对这些控制，本质上是一种对抗，需要个人极强的意志力和大量的精力。

这又引申出两个推论：（1）要做到这种层次的自律，与其努力去自律，不如多花点时间去研究如何提高自己的意志力，更好地管理自己的精力。（2）不要在深夜里、情绪不好时等意志力和精力比较匮乏的时候，去挑战自己的自律，因为你很可能在败下阵后，一蹶不振。尤其在深夜里，一定要远离诱惑。

控制自己的核心在于自我洞察。要想控制自己的本能，就一定要将自己从失控的边缘拉回来，要意识到失去自律是一件多么可怕的事情。人的大脑皮质对本能可以起到抑制作用，你一旦意识到自己正在失控，就相当于唤起了大脑皮质的抑制作用。而反复唤起，就像每天做俯卧撑锻炼肌肉一样，是在强化这种能力。

*

第二个层次：形成节奏。

很多文章天天都在吹捧一些明星很自律。这些明星的自律大多是减肥、健身之类的，目的是保持良好的身材。所以，如果按照这些文章的说法，健身就是自律？那么那些搞科研的人经常不锻炼，就是不自律？

一定要清楚地想明白，明星之所以要在保持身材上那么"自律"，是因为这是他们表演的资本。反过来看科研人员，很多人在投入高强度科研和学术创作的时候，那种严格的学习、认真的研究，同样也是自律。所以，穿透表象看下去，你会发现，真正自律的人是不可能做到在每件事上都严控自己的。

我当年读高中的时候，有一天痛定思痛想要改变自己过去那种懒散的性情，于是给自己定了很多"自律计划"，包括持续学习、控制情绪、坚持跑步，甚至连上课时怎么保持坐姿、如何握笔都想到了，最终却是一败涂地。人哪儿有那么多精力能分配到每件事上去啊。所以，说到底，这个层次的自律真正要做到的就是 7 个字：**有所为，有所不为**。知道应该在什么事情上自律，在什么事情上选择适当放松。

我们都知道，早睡早起是最典型的自律，但对我个人而言，很抱歉，这么多年，我几乎从来没有做到过早睡早起。因为长期熬夜加班，习惯晚上睡得比较晚，干完工作再继续写作。同时，早上能多睡就尽量多睡一会儿。但你看我这些年里一直坚持创作，在工作之后还坚持完成这本书的写作与出版，你能说我不自律吗？

我还看过一个很成功的自媒体作家在读者留言夸他自律时，非常诚恳地回复道：我的工作毫无规划，我的日程安排稀里糊涂，我的兴趣转移也很快，我的生活作息一团糟糕，我买了健身卡一次都没去。只是我认准了的事情就一定要做到，死死地磕。

所以你觉得他算不算自律呢？

*

"认准"才是关键。"认准"意味着对自己、对目标都有着非常清晰的认知，在这个基础上，做好发力方向的选择、时间精力的分配……最后形成的这个东西，我将其称为**节奏**。这是自律的第二重境界。

所谓节奏，就像看足球、篮球比赛的时候所看到的：什么时候该进攻，什么时候该防守，哪里要全场紧逼，哪里要适当放开。如果节奏乱了，比赛也就"崩"了。或者，就像长跑时保持什么步幅、步频，如何呼吸……配合好了，跑一万米都能坚持下来；配合不好，跑几百米，步伐、呼吸一乱，身体就受不了了。

自律就是你要找到属于自己的节奏，有张有弛，有收有放。

为什么我特别不推荐大家简单地看几篇关于自律的文章，就去学别人怎么健身，怎么早起？因为那都是别人的节奏，不要去简单复制他人的自律，你看到的不过是他人自律的点，你看不到他们自律的全部。所以如果盲目去学，学到的也只是皮毛。

真正重要的，是你要找出自己的"有所为"和"有所不为"。

*

第三个层次：自我主宰。

刚才说的"形成节奏"，是我推崇的自律模式，也是最适合普通人去训练的模式。但在这之上，还有一个上限。这个上限就是，**自律的根本一定要符合人性，而不是制造机器人**。过度要求所谓的自律，不仅不会带来好的生活，甚至可能会给个人带来麻烦。

很早以前，我在一篇文章里写过：一个生活完全规律、事事精确控制的人和一个虚度时间、生活状态失控的人，本质上可能都是一样的。很多人不太理解这句话。其实我想强调的是，真正的自律是从心所欲不逾矩，而不是时时刻刻、事事件件给自己设限，把自己变得跟个机器人一样。一个人如果每天只是健身、读书、按时起床，像上了发条的钟表一样生活，真的不是在自律。

我们一定要清楚，自律的本质不是让人痛苦，而是让人延迟满足。认识到了这个层次的自律，就不会去纠结在小事小节里的自律了。

我今天坚持 ××× 了吗？我今天做到 ××× 了吗？这都已经没有太大的必要了。你应该把自己置身于一个长期的阶段里，直接去对标一个"理想态"。这个"理想态"里包含了你对理想生活的期望，以及你达到这种理想生活时自己的状态。

比如我，支撑着我这些年如此高强度地工作和学习的，就是我为自己设置的一个足以激发动力的"理想态"。我希望在 40 岁之前，努力达到以下三个理想状态：

（1）我可以带领团队、整合资源，选择自己想做的事业。

（2）我可以有时间和精力多陪家人，多组织朋友聚会，多出去旅游。

（3）我能保持几项运动的兴趣，保持身体健康。

而要达到这样的"理想态"，就需要我从现在开始去对标，不放纵自己，不浪费时间，不沉湎娱乐，不纵容自己中年发福、油腻……

当我建立了这样一个"理想态"，并且内心真正渴望达到这样的"理想态"，我就相当于为自己定下了一个承诺：自律吧，未来你会收获更多。先苦后甜的人生，才是最值得过的人生。实际上，在这个过程中，我并没真的觉得很痛苦。

康德说：所谓自由，不是随心所欲，而是自我主宰。

真正的自由都是从一点一滴的自律中换来的。当你修炼到可以随心所欲的时候，反而不需要再去事事控制了。就像传说中，达·芬奇练基本功的时候每天画鸡蛋。当他已经能画出蒙娜丽莎的时候，你觉得他还需要每天去画鸡蛋吗？

2/ 惯性与动机——自律的两大法宝

把习惯和动机结合起来，把你的自律用到更重要的事情上。 ■

思想是行动的先导。你只有从思想上去真正认清了自律，你的行动才会有意义。

我始终认为，什么都不想，不假思索地跟着别人去健身、读书、早起绝不是自律。因为本质上，你还是缺乏自我的认知，是在跟随别人的脚步前行。

下面我将从思维认知层次进入方法论层次，给大家分享自律的两大"法宝"。

*

第一个"法宝"叫：惯性。

物理学里，惯性是牛顿第一定律。现实中，惯性也是接管我们生活最重要的力量。几点起床，怎么刷牙，怎么去赶车、通勤，之后想吃什么，吃完想干什么，睡觉前再看点什么……

那些让我们每天都过得毫无起色的东西，是"习惯了"的东西。在一些传统的观点中，自律最难的一点，就是要去改变固有的习惯。人们会花很多的时间和精力，告诉自己怎样才能改变暴饮暴食的习惯，改变贪吃嗜睡的习惯，甚至改变纵欲的习惯。

对此，我的看法不太一样。既然习惯的力量如此强大，我们为什么非要去选择对抗而不是合作呢？要知道，纯靠意志力支撑自律，真的是一件非常难的事情。基本上，你大部分的精力都得耗在和习惯做斗争上。而事实上，如果我们换一个思路，其实更应该把自律变成一种习惯。**依靠习惯的力量而不是意志的力量去推动自己保持自律。**

我的建议是，如非必要，尽量不要和已有的习惯产生正面的冲突。尤其在一开始尝试自律的时候，定的目标太高太狠（比如戒烟、戒游戏），很容易败下阵来，甚至导致自己以后都不敢再去尝试自律了。

当你的意志力很薄弱，长期练就的"不自律"的习惯又很强大时，你怎么去拼？更好的方法是另起炉灶，建立一个新的自律习惯。**学会用新的习惯去覆盖旧的习惯。**

就拿最难的戒烟来说，很多人并不是说戒就戒，而是会用嗑瓜子、吃棒棒糖等新的习惯去代替过去的习惯，在强化新习惯的同时，慢慢淡化旧习惯的影响。比如，很多人有睡觉前看手机的习惯。如果用自律的方式，强迫自己每天睡觉前一定不能看手机，真的是一件非常难的事。但如果重新建立睡觉前看几十页纸质书、准备第二天要穿的衣服等习惯，就会慢慢替代看手机的习惯。

还有一条很重要——你不需要在每件事上都养成"好习惯"。你应该尽量选择，在能影响和带动其他事情的行为上养成好的习惯。这样的习惯，我们称之为核心习惯。相对这种习惯，走楼梯先迈左脚，挤牙膏要从底部开始挤之类的习惯就真的没那么重要了（记住：有所为有所不为）。

哪些习惯可以算核心习惯？举几个例子，比如健身、早睡早起、睡前阅读（纸质书）。

我只举这三点。但只要你能在这三点中的任意一点上养成自律的习惯，你就能在任何方面做到自律，只是看需不需要而已。比如我虽然习惯晚睡，但那更多是因为工作和写作的需要。如果有一天工作不需要我这样加班熬夜，写作的压力也降下来，为了身体健康，我是可以随时去建立早睡早起习惯的。（在出版本书的时候，我的晚睡习惯已经基本改掉了。）我之所以有这样的自信，就是因为我在别的方面（坚持看书、戒掉网游、不轻易浪费时间等核心层面）从无到有建立起了好的习惯。

我有个大学同学，读书的时候非常宅，我几乎从没见过他在上午九点之前起床，早上的课基本都不去上，美其名曰：太早起床毁一天。后来他参加工作了，在互联网公司工作，因为干的是自己擅长并且喜欢的事情，做得非常好，成长也很快。

我就奇怪了，按理说他那种作息，完全不可能在职场里"混"得好啊。后来我知道了，原来他建立了一个非常特别但又符合工作和自身实际的早起习惯。他每天早上六点之前起床，用两个多小时的时间去进行简单的锻炼，思考和安排一天的工作，查看并回复邮件。然后吃过饭，洗漱一下，八点多上床去睡个"回笼觉"。十点多再起床正式去上班（互联网公司上午上班比较晚，他又住在公司附近）。

据他说，每天一早起床，既利用了一天中最精华的时间去干了最重要的事情——锻炼、吃早餐、回邮件、安排工作——又给了自己再睡一觉的时间窗口。而这种"回笼觉"的效率非常高，基本上他睡一个多小时起来就感觉精力百倍。当然，这样的生活习惯不一定适合大家，大家也不都在十点多才上班的互联网公司工作。

我举这个例子，只是为了说明，习惯这种东西，关键还是要符合自己的实际情况。记住我之前写过的话：自律的关键是建立属于自己的节奏，而不是跟着别人后面跑。

*

第二个"法宝"叫：动机。

我一直觉得没有动机支撑的自律是不持久的。很多人曾经问我：学长，你是如何做到在工作那么忙的状态下，还能持续写作？你不累吗？

说实话，与大学和工作初期相比，我现在的生活非常单调乏味，每天除了工作就是工作，业余的时间是按小时计算和分配的，和别人吃个饭，都要提前很久约好才有可能。每天要干什么，什么时间该做什么，精确得像个闹钟——事实上，我手机里设了很多闹钟，用来提醒自己完成计划任务。但一开始我不是这样的，我也曾经有大把的时间去浪费，整日整夜地泡在网吧里玩游戏，动不动就聚会喝酒到深夜……

本质上，我真的是一个极其不自律的人，否则也不会在大学时颓废到要退学的地步了。之所以变成现在这样，我想了很久，归根到底就是动机使然。大概在毕业前后那段时间，通过自我剖析，我得出了一个结论：按照我之前的那种过法，我大概率会变成一个无用的人。

如果我真的什么都没做，可能成废物也就成废物了吧。但这么多年以来，我看了那么多书，涉猎了那么多的知识，进行了那么多的思考，经历了那么多的挫折坎坷，我不甘心啊！

而在那些阅读、学习、思考和生活的过程中，我之所以越来越迷茫，关键就在于缺乏清晰的目标。于是，我为自己的工作和人生定下了目标，然后运用剃刀法则，把目标之外的干扰项尽量砍去，就像我前面分享的一个自媒体人所说的：认准了什么东西，就去"死磕"。我发现，我"死磕"真的是有效的。在我个人身上，除了职务提拔、收入增长（这些都是必然附加的），最明显的成就在于，那些年，我的绩效考核从来都是优秀，几乎拿完了当时能拿的相关奖项。我工作几年后，原来的部门找了3个人，才把我手里的活全部接下来。

在我那几年的工作晋升过程中，公众号、知乎兴起，我天天看别人分享经验，看得多了，我决定自己动手写。现在，公众号和知乎加起来有上百万读者，社群也有5000+铁杆用户，我需要对我的读者和用户负责。

同时，现在我有了资源，可以带团队，甚至有了一定的知名度，可以立足于现有条件，去做一些更有价值、更有意义的事情。这就是我现在如此努力工作和写作的动机，一是尽责，对得起关注的人；二是希望利用这个机会，做一些对人或者对社会有意义、有改变的事情。

*

所以，人要想自律，一定不要只去复制他人的模式，而是要找到自己的动机。

我总结过十种影响力比较大，可以改变一个人的底层动机的方法：

第一种：内心深处的极度渴望；

第二种：强烈的情绪爆发；

第三种：郑重其事的仪式感；

第四种：有特殊意义的人、物、事；

第五种：不可推卸的责任和担当；

第六种：异乎寻常的大震撼；

第七种：压力倒逼、物质激励和正向反馈；

第八种：负能量；

第九种：发自内心的热爱与兴趣；

第十种：思维体系的整合。

关于这十种动机的详细分析，我附在了本章最后。

*

把习惯和动机结合起来，就是要把你的自律用到更重要的事情上。所以，关于自律，不要一开始就进入怎么睡觉、怎么走路、怎么微笑这种小节上，而是要从大局入手。没有事的时候，早睡是一种自律。但当你为了更大的目标，有更重要的事情要做的时候，说不定每天坚持晚睡反而成了一种自律。

自律要从小事小节中来，但当你进入更高的层次，建立"大自律"后，是可以忽略"小自律"的。总结起来，能够帮助你自律的最好方法，就是三个字：**干大事！**

习惯的东西最怕没有反馈，坚持了许久好像没什么变化，也就不想坚持了。当你定下了干大事的目标，就可以让你日常习惯的每一点积累，都变成向着目标前进的一小步。这也就赋予了日常习惯更高的意义。

比如每天练字，纯粹地为了坚持而坚持，和想象一下将来你要自己签字、设计自己的公司名字（乔布斯当年也喜欢研究字体）这种坚持是完全不一样的。一定不要为自律而自律，不要因为看到了网上分享的一些自律小方法而沾沾自喜。那些都是他人经验。人要想真正做到自律，需要运用科学的思维方法，结构化地解析自律的本质是什么，去更深层次地理解这个概念。然后通过自我剖析，找出自己的"理想态"。定下自己的目标，通过目标的引导，来帮助自己找到努力更充分的动机。

3/ 运用"系统论"——实现彻底有效的自律

> 任何一个事物都可以被看成一个系统，系统里面有很多的成员彼此关联。 ◼

　　用字典查"自律"这个词的词源，你会发现它已经存在很久了。字典对它的解释是"遵循法度，自加约束"。

　　唐代的张九龄说过这样一句话："**不能自律，何以正人？**"人不管要做好事情，还是要影响他人，没有自律，都是做不成的。

　　不过，各位读者朋友发现没有，在古人的这些语境里面（当然这也是现代汉语里这个词的本义），自律是一个行为状态，是做好其他事情的前提。但实际上，这和我们谈个人成长时的自律的语境是不同的。我们谈成长时其实更接近于"如何才能做到自律"。

　　人生所有的成长和自我改变都是有机的系统。不存在"我什么都不变，就只变得自律"的情况。如果是这样，所谓的自律也一定是很浅显很表层的。为了解决这个问题，我将在本节为大家详细介绍如何运用"系统论"的方法，帮助自己实现自律。

*

所谓"系统论"，是指任何一个事物都可以被看成一个系统，系统里面有很多的成员彼此关联。

使用这个方法，我们可以更好地跳出"自律"里"自"这个字对思想的影响。让自律从自己的事变成包括"与自己相关"的事，然后借此充分利用周围环境的力量达到自律。

系统论包括"内部"和"外部"两大部分。内部系统指的是把"自己"当作一个系统，外部系统指的则是利用"自己"周围的外部力量。

内部系统：自律的驱动力。

如果把人比作一辆行驶的车，车要保持有规律地行驶，就需要几个基础的条件：确定的目标与方向、平稳的行驶速度、良好的车况。对应到人身上，也就是目标与动机、惯性、身体与精神状况这几个要素。关于前两个"法宝"，上文已经着重讲过了。现在我们来补充讲身体和精神状况这个要素，这属于保障层面。

车要在长期行驶中保持良好车况，就需要不断保养，人也一样。你的身体处于不同的状态，会对你大脑的行为模式产生不同的影响。而大脑则是你自律的控制器。

如果你平时对自己的身体状态缺少感知，不妨做这样一个小实验：冥想半小时，在这个过程中去察觉自己的状态。如果你的身体状态不好，冥想过程中可能会发生下面三种状况：

（1）如果你没休息好，很可能你一会儿就开始犯困，甚至直接睡着了。

（2）如果你思绪烦乱或身体不适，你会发现自己比平时更难长时间集中注意力，经常会被其他念头或身体异常的感觉打断。

（3）如果你饿着肚子，冥想完毕突然站起来的时候，你可能会有眩晕感。

　　冥想不仅仅是培养专注力的一种方法，还是检视自己身体状态的一个技巧。因为在平时忙碌的工作中，人们按照惯性去行动，很少会观察自己的身体状态。但如果一个人的状态不好，连控制自己冥想一会儿都做不到，又何谈在更多事情上做到自律？

　　相应的解决方案也不复杂。最主要的几条就是饮食、睡眠、锻炼。但一些自以为追求自律的人往往忽视了这几点，反而走向自律的反面。

　　我们要注意的是：放弃"从今天开始，每天压缩睡眠拼命工作"的想法。如果做事情的时候发现很疲惫，就先去歇一会儿或者冥想一会儿。

　　谨慎采取"靠饿减肥""为了争分夺秒，今天不吃早饭"等行为。饥饿状态不仅会影响人当下的自控力，甚至可能会让人变笨，这是有科学研究依据的。

　　如果发现自己身体"不舒服"，脑子里总是有各种烦乱的思绪，不要强行控制自己，去跑步半小时，或者用其他方式锻炼一会儿。身体舒畅后，自律能力会有大幅度的提升。

*

　　外部系统：用他律推动自律。

　　人要实现自律，可依靠的不是只有自己的力量，用他律（他物和他人）来推动自己自律，也是一个很好的办法。

　　我们进行的每项行为都离不开环境里的这几样东西：时间（在什么时候做某件事情）、地点（在什么地方做某件事情）、他人（一个人或是和谁一起做某件事情）。而时间和地点的结合往往会产生一个场景。所以，外部系统中，最值得我们关注的就是场景和人。

（1）先说场景。很多人在不同场景中的行为习惯都会有很多不同。因此，人们可以利用场景切换来逼着自己自律：观察自己在什么场景中能更好地自律，然后在需要的时候，寻找或者切换到这样的场景。例如：

有人在公司或教室里自律能力强，回到家或宿舍就不行了——那就把自律的任务留在公司或教室。

有人到了晚上一两点钟，情绪容易感伤、难以自控，到了白天就恢复正常——这其实没什么，可以直接调整生物钟，提前睡觉就可以了。

一个人在房间里总是容易胡思乱想——那就马上切换场景，出门锻炼或者进行社交。

如果打开手机你就忍不住玩游戏——那就用看书代替看手机，如果你实在控制不住自己，还可以干脆把手机上的游戏卸载了（让场景消失）。

这里我再特别分享一个心得。手机，顾名思义就是放在手里的机器，所以，要想更好地控制自己不玩手机，就要避免每时每刻都把手机放在手里或者身边。比如在家里或者工作中需要专注干事的时候，就把手机放在需要走几步才够得着的地方。有紧急电话就去接一下，没有其他要紧事，那就不要不停地去看手机，而是要让自己专注地做一会儿事后，让自己走几步去拿手机看看。给"看手机"这件事人为设置一些障碍，能帮助自己戒掉玩手机的瘾。

（2）再说他人。"用他人来帮助自己自律"，这一点很好理解。因为我们每个人都会寻求社会认同感，也会根据他人的行为而做出进一步的反应。

这个办法我以前在文章里也写过。王阳明就非常重视让弟子们聚在一起交流切磋。他不在学生身边的时候，曾经要求各弟子每隔五六天或八九天就相聚一次。他有个学生办了个"惜阴会"，就是珍惜光阴的意思。他很赞赏，说：你们如果离群索居，那么志向就很有可能懈怠下来了，有这样几天一次的聚会，正好让大家可以互相砥砺。

那么，如何借助他人的力量自律呢？一个常见的方法是让他人监督你。比如，很多人减肥的时候，就会和身边人说：你要监督我不能吃这个不能吃那个……但这种方法也有个问题：身边人是从外人的角度来观察你的，他人没法切身体会你的感受，没法给你带来更多的启发和激励。

更有效的办法是找一个"同路人"。比如说约着一起看书、一起锻炼，这能让你形成更好的习惯。而更深层次的"同路人"，则是目标和心理上的"同路人"。你们一起讨论彼此的目标，一起为了实现目标而奋斗，甚至可能为了同一个目标而努力。在这样的过程中，思维上的互相启发、精神上的彼此激励，都是一个人自律的时候很难获得的力量。"同路人"最大的价值，是能帮我们更好地使用自律的两大"法宝"：惯性、动机。

每个人心中都有一团火，有人的火一直熊熊燃烧，有人的火已经熄灭，就像蜘蛛网尘封了炉台，就看你能否重新点燃它。

能征服自己的人才是世界上最伟大的人。当你能够战胜自我，改变自我，就有了信心和意志的力量，就能保持永不懈怠、永不满足的状态，就能始终充满斗志和激情。

第一种：内心深处的极度渴望。

我们能为改变付出多大的努力，最终取决于我们内心深处的渴望有多强烈。

每当自己懈怠的时候，不妨刻意留出一段时间来问问自己：我最想要的到底是什么？为了这个目标，我愿意付出多大的代价？

要为自己的自律找到一个像呼吸新鲜空气那样清晰的目标。因为渴望有多强烈，奋进的力量就有多强大。

第二种：强烈的情绪爆发。

强烈的情绪是最能激发人深层次动力的东西了。

一场透彻心扉的悲痛，一次怒发冲冠，一次热泪盈眶的感动，一夜无眠的焦虑……在强烈的情绪刺激下，你总能爆发出极其强烈的自律的动力。

第三种：郑重其事的仪式感。

很多人喜欢在新年立誓。

他们用虔诚的态度去为自己的每一次自律，设计一种充满仪式感的场景，把自我改变这件事变成一件神圣的事情。

第四种：有特殊意义的人、物、事。

这是把事情深深刻在记忆中的最有用的一种方法。

如果你觉得人生里还没有这样有特殊意义的东西，就继续去寻找。在旅途中、在经历中，去和一个人、一个场景、一个地方建立起独特的意义联系。这样，每当你想到这个人，回想起这个场景，或者重新回到这个地方，就能从心底涌起无限的冲动。

第五种：不可推卸的责任和担当。

在所有"浪子回头金不换"的故事里，我们都能发现曾经的浪荡子弟找到了自己的责任，也明白了自己应该做什么。如果责任和义务把你放在了一个无法逃避的位置上，当你真的成为家庭和身边人的唯一依靠时，别说自律了，什么样的付出你都可以接受。

第六种：异乎寻常的大震撼。

"孔子登东山而小鲁，登泰山而小天下。"

当你真正在生活中经历了一次足以颠覆你过往认知的大震撼后，就很难再沉浸在过去的状态中了。这种震撼可以是由一次经历引起的，也可以是由一首歌、一本书、一部电影、一张照片，或者别人说的一段话、某人正在做的某件事带来的。

在心灵的大震撼下，你就可能迸发出强烈的动力。

第七种：倒逼、激励和反馈。

人在努力奋进的时候是需要反馈的，不管是正向的还是反向的，是物质的还是精神的。

现实可以逼着你去自律，多挣钱也可以激励你奋进，就像我们前面提到的明星的自律。找一个奋发向上的人作为同路人，你就很容易在他的影响（正面激励、反面倒逼）下，成为一个勇于做出改变的人。因为你不想让这个你信任和在乎的人感到失望。

第八种：负能量。

负能量也是能量，最典型的是羞耻感。

侮辱与误解有时候反而会激发一个人强大的斗志。很多人之所以突然转了性，是自尊心受损之后产生负能量所致。

第九种：发自内心的热爱与兴趣。

之所以把这条放在这个位置，是因为这几乎是"最正确的废话"了。

我们都知道，人是可以为最热爱、最喜欢的东西，努力奋斗的。问题在于，长大以后的我们已经很难再由着自己的喜欢和兴趣去做事了。但只要你的内心还没有放弃这份喜欢和兴趣，它就可能不断地在你的心底制造一股股冲动。我们要善于利用这种冲动，为自己喜爱的事情努力。

第十种：思维体系的整合。

最后一条是最高级但也是最难的。

当你从痛苦、反思中一点一点地去反复分析过去各式各样、"乱七八糟"的想法，探寻源头，去努力将它们融会贯通、搭建一个全新的思维框架时，你就会发现：思想上的整合会带来你对这个世界、对自己、对他人认知的全新改变。

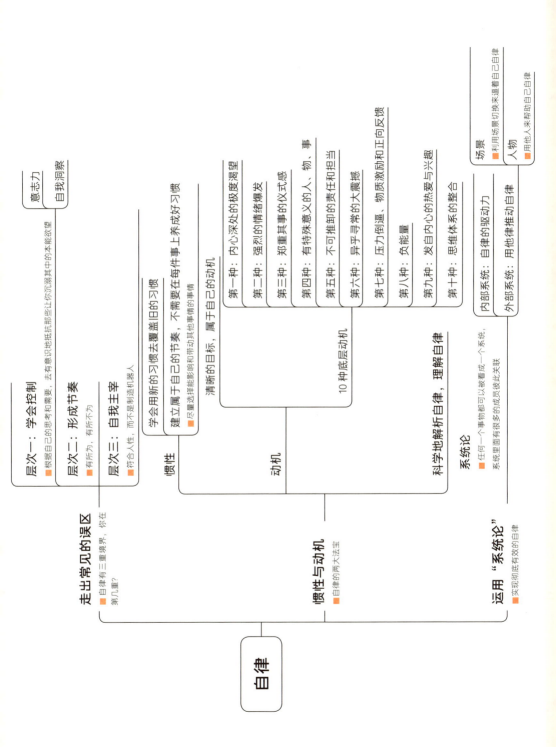

自律

走出常见的误区
■ 自律有三重境界，你在第几重？

- **层次一：学会控制**
  ■ 根据自己的思考和需要，去有意识地抵抗那些让你沉溺其中的本能欲望
- **层次二：形成节奏**
  ■ 有所为，有所不为
- **层次三：自我主宰**
  ■ 符合人性，而不是制造机器人

意志力 → 自我洞察

惯性与动机
■ 自律的两大法宝

惯性
- 学会用新的习惯去覆盖旧的习惯
- 建立属于自己的节奏，不需要在每件事上养成好习惯
  ■ 尽量选择能影响和带动其他事情的事情
- 清晰的目标，属于自己的动机

动机
10 种底层动机
- 第一种：内心深处的极度渴望
- 第二种：强烈的情绪爆发
- 第三种：郑重其事的仪式感
- 第四种：有特殊意义的人、物、事
- 第五种：不可推卸的责任和担当
- 第六种：异乎寻常的大震撼
- 第七种：压力倒逼、物质激励和正向反馈
- 第八种：负能量
- 第九种：发自内心的热爱与兴趣
- 第十种：思维体系的整合

运用"系统论"
■ 实现彻底有效的自律

- 科学地解析自律，理解自律
- 系统论
  ■ 任何一个事物都可以被看成一个系统，系统里面有很多的成员彼此关联
  - 内部系统：自律的驱动力（用自律来驱动自己自律）
  - 外部系统：用他律推动自律
    - 场景：利用场景切换来逼着自己自律
    - 人物：用他人来帮助自己自律

第九章

时间管理：
时间是多数年轻人唯一的资本

没有人活在过去，也没有人活在未来，唯有当下，才是生命确实占有的唯一形态。

1／从复利到定投——讲透如何用好时间"资本"

> "少而好学，如日出之阳；壮而好学，如日中之光；老而好学，如秉烛之明。" ■

　　市面上关于时间管理的方法、技巧的书非常多，在谈时间管理之前，先探讨一个问题：时间到底是什么？

　　这个问题不仅很重要，而且非常有意思。说它很重要，是因为你只有理解了一样东西到底是什么、有什么特点，才能更好地利用它；说它很有意思，是因为你可能没有想过，时间到底是什么？

1. 从时间长河里看时间

　　我们要从历史的角度来看待很多事物，这是提升视野和格局的一个重要方法。人类简史是从整个历史发展长河的角度来看待人类的发展史。把时间这个概念放进时间长河里去看，你同样会有很多新的发现。

　　现在让我们先从假期这件事情入手，理解时间这个概念。我们每年都会过很多个假期。有人想过这些假期分别都是怎么来的吗？我不仅想过，还做过分析。我发现一年中的假期，简直就是一幅极简的历史发展图。举几个例子来说：

端午节：我们一般认为这是为了纪念屈原。实际上按照民俗学的观点，端午节以及很多类似的节日，最初都是祭祀性节日，后来才变成对某个人的纪念性节日。所以，端午节或许上古时代就产生了。

农忙假：如果你是农村的学生，你应该知道，每年到了"双抢"季节，都会放好些天的农忙假，好让学生帮助父母去干活。这和农耕文化有着密不可分的联系。

周末：我国实行"双休"制度是从 1995 年开始的，在此之前，大家过的都是周日休息的单休生活。而现在，我们每天工作八小时，每周工作五天，周末休息两天。

如今，一年中的很多假期，有些来自古代，有些来自近现代，有些还与西方有渊源。我把这样的现象称作假期的社会属性。

我们对待时间的观念充满了这样的社会属性。生活在社会中当然很好，但是如果你对一件事情的自然属性有更清楚的了解，你的思维一定会更加自由，也会得到更多启发。那么，时间的本来面目是什么呢？让我们回到时间的自然属性上。

2. 时间是一条线段、一条跑道

我们在说时间的自然属性时，不用关心物理学家是怎么定义时间的。我们只需要关心"我的时间"到底是什么就可以了。

时间的第一个特点是：**时间是一条线段**，有着起点和终点。我们每个人的时间都是一条线段。这条线段的长度可以预估为：0 ~ 120 年。

线段具有什么特点呢？

（1）**它是连贯的，不间断的**。这至少能给我们两个启发。首先，从来就没有什么假期是一定要过的，也没有哪一天有什么特殊性。

还是拿假期来说，上班下班、工作日和周末，只是社会对你时间的安排而已。而实际上，你在成为一个社会人之前，首先是一个自然人。你管理和分配着自己的所有时间，从来就没有什么假期不假期的区别。我就是一个没有什么假期概念的人，但我很快乐，因为我对我的时间有着更**自由**的分配。

其次，从来就没有时间是碎片。每一分每一秒都是平等的。所谓的碎片化时间，碎的不是时间本身，而是我们的注意力或者任务节奏。而这样的碎片当然也都是可以利用的。

（2）**它是线性的，而且总有一个终点**。时间从来不会回头。太阳明天会升起，但肯定不是今天的太阳。一年又一年的循环只不过是我们社会性的感受而已。从文学的角度，我很喜欢村上春树的一句话：**"我总以为十八岁之后是十九岁，十九岁后是十八岁，二十岁永远不会到来。"**但实际上，那只是"以为"。

所以，要把时间的线性特点考虑在重要的决策里面。打个比方："今年不行的话，明年再来"——这样的话勇气可嘉，但说出之前，一定要想想一年的时间成本到底你能不能承担。

其实准确地说，时间更应该是一条跑道。它不仅有线段的长度，还有宽度。也就是说，不仅 A 可以在这个时间上跑，BCDE 也可以在这个时间上跑；不仅你的 A 任务可以在这个时间上做，你的 BCDE 任务也可以在同一个时间上做。

时间这些特点，虽然看起来不复杂，但深入理解它，能让你对时间管理的原则和方法有更透彻的洞察。接下来，我们继续介绍时间的第二个重要特点。

3. 时间是一种资本

时间对年轻人来说，还有一个重要特点：时间是一种资本，而且，几乎是多数年轻人唯一的资本。这句话我最早在《年轻的时候做点什么，才能让今后受益终身》里写过。我们先回顾其中的几段内容：

我们之所以看不透未来的收益，是因为我们现在做的事和未来的目标之间，隔着一重不可逾越的障碍：时间。谁也不具有透视未来的超能力，谁也不能百分百保证你现在做的事一定能对未来产生积极的作用（有名师指点和"贵人"相助者不在此列）。

这个问题的本质是一个**投入—时间—产出**的问题。你要做事，就要投入，但因为存在时间这一重大变量，无法精确地衡量产出。权衡之下，大部分人都会选择不做事，或者尝试一段时间后就松懈下来。觉得万一努力后仍无济于事，还不如当初就躺下来好好休息。

为了破解这个难题，我当年曾苦思冥想，才终于得到一个很"奇葩"的理念。既然我们的投入都要面临时间这一不确定因素的干扰，那如果我们把时间本身作为投入呢？

之前的公式不就简化为"**投入（时间）—产出**"了吗？

投入需要资本，而对 25 岁左右的人而言，时间是他们年轻时唯一可以拥有的资本。

这个理念的核心总结起来就是：**所有以付出时间为代价而又能产生收益的事情，都是你可以去做的事情。** 剩下的就是尽可能地去找一些符合上述条件又契合自身实际的事情。

在这篇文章里，我罗列了几大类值得年轻人做的事情。但在这里，我想进一步说明时间这种资本的特点，它能让你更深刻地理解为什么很多事情一定要在年轻的时候尽早去做。

第一，如果你投资了优质的资产，它会随着时间为你带来巨大的复利。

你可能不知道哪些资产是优质的，但是，你一定能知道，花时间做哪些事情百分之百是有价值的。认定后，只要你做，百分之百会产生巨大的复利，还有比这更好的事情吗？

在大学里，有人整天学习；有人整天玩游戏；有人早早地开始实习；有人看着直播打赏女主播；也有人不停地谈恋爱，换男女朋友比换衣服还勤快。这四年里，其实你看不出大家的生活有太大的区别。但毕业 5 年后，跑在前面的人就已经很显眼了。毕业 10 年后，每个人的生活境遇千差万别。毕业 20 年后再回过头看，你会发现大家过的完全是不同的人生。这里说的不同不是财富、地位这些世俗意义上的不同，而是整个人生状态的不同。

记住，是完全不同，这一点并不夸张。我们最应该畏惧与珍惜的就是时间。

第二，资本有一个重要的特点：它会面临通货膨胀。

时间是会贬值的！时间通货膨胀的速度非常惊人。20 岁的时间、30 岁的时间、40 岁的时间，价值是不一样的，甚至可以说有天壤之别。20 岁时，你可以花大把时间去学习新的知识技能、积累新的资源。30 岁时、40 岁时，大部分人不仅不可能拥有 20 岁时的大块时间，就算拥有了同样多的时间资本，也不可能获得同样的资本回报。

我们小学的时候，曾经学习过一篇出自汉代刘向的文章《说苑》。文章里有一段千古名言："**少而好学，如日出之阳；壮而好学，如日中之光；老而好学，如秉烛之明。秉烛之明，孰与昧行乎？**"即小时候好学，就像太阳初升，光芒万丈；壮年好学，如同中午的阳光，明媚耀眼；老而好学，就像蜡烛的光。蜡烛的光虽然微弱，总比在昏暗里行走要强。但你提前知道这个事实，不觉得很可怕吗？你还能无动于衷地看着自己的光不断地暗下去吗？

第三，资本还有一个特点：它是可以拿来交换的。

这个道理当然每个人都知道，但谈到时间这个资本的时候，很多人会忽视这一点。记住，你可以管理和利用的不仅仅是自己的时间，还可以用很多方式去交换别人的时间。

4. 时间可以管理吗？

这个问题曾经也让我感到困惑。因为有人说，时间是不可管理的，也有人说，应该管理的不是时间，而是精力。

听起来都很有道理。时间和空间一样，不属于任何人。从这个角度来看，时间确实不能管理。那我们管理的又是什么呢？我想了很久，最后想明白了。其实，我们管理的是我们的时间使用策略与方案。时间不可管理，但是策略和方案肯定可以管理。

但既然大多数人习惯叫它"时间管理"，那我们就叫它"时间管理"。因为我也想明白了另一件事：有时候，没必要太纠结。你会发现，在日常习惯上，"随大流"本身就是一件很节省时间的事。

对于时间这个概念，我们自己要多去思考。思考得越深刻，面对时间就会越自由。而掌握了一些具体的时间管理的原则和方法，就能更好地运用这份自由，去获得你所需要的。

2/ 从原则到方法——时间的短期管理与长期管理

> "给时光以生命，而不是给生命以时光。" ∎

知道了时间的特点后，我们需要根据特点，分析时间管理的原则和方法。这样做的好处是，我们不仅能掌握一些框架性的方法，并通过对原理的理解，能更好地融会贯通。而坚持使用这些方法，甚至可进一步衍生出属于自己的独特方法。

1. 时间的第一个特点：时间是有长度的，但长度是有限的

我们需要遵循的**第一个时间管理原则：要事优先**。我估计你听说过一句话："工作是永远也做不完的。"完全没错。只要你想做事，事情永远有。对当下的你来说，做每一件事情的时间也都是有限的。因为任何资源是有限的，用有限的资源实现更好的效果永远都要"要事优先"。

怎样做到要事优先？不妨思考一个经典的问题：当你面对（1）重要又紧急的事，（2）重要不紧急的事，（3）紧急不重要的事，（4）不紧急不重要的事，你该怎么做？我觉得，这是一个常想常新的问题，答案留给你自

己去思考。

关于要事优先，这里介绍一个简单通用的方法："每日三件事"法。在每天早上或头一天晚上，你可以列出第二天你要完成的三件事情，并在晚上复盘。比如，我记录了自己在写这篇文章的当天，在本职工作之外，必须完成的三件事是：（1）公众号更新；（2）社群主题帖更新；（3）从已创作的文章中选出几篇，补充进待出版的书里。

这个方法有两个优点：一是简单、可操作性强，所以持续坚持下去的可能性较大；二是每天思考应该做哪三件事，本身就是在训练自己对事情重要性的判断能力。

2. 时间是有密度的

时间管理第二个原则是：重视效率。

提升效率的方法是什么？首先是从人的注意力着手。提升注意力不能纯靠意志，它的前提是依靠饮食、睡眠、锻炼，让人有更好的精神状态。其次是从工具着手。我在后面单独为大家提供一些工具。

这里我先为大家介绍一种把这两方面做了结合的常用方法，也就是利用工具、提升注意力的方法：番茄工作法。这种工作法指的是选择一个你需要完成的任务，然后用 25 分钟专注做这件事，中途不做任何无关的事。闹钟响起后短暂休息 5 分钟左右，每 4 个番茄时段休息一会儿。

你可以使用一些手机 App 工具来辅助实行番茄工作法。当然，你不一定要把时间卡死在 25 分钟，当你认为需要 40 分钟集中注意力攻克一个问题时，可以把时间相应地定长一点。这个方法的核心应该是：在你注意力能集中的时候，充分利用它集中攻克问题，然后休息一下，便于注意力恢复。

同一时间，注意力集中在一件事情上，是最有效的提升效率的办法，番茄工作法是用规则和工具帮你把这套方法落地。其实本质上，与学校里上 40 分钟课休息 10 分钟的逻辑是相通的。

3. 时间是有宽度的

时间不仅是条线段，更是条跑道。一条跑道上可以并肩跑 4 个人，你也可以在同一时间线上做好几项不同的任务。

首先，你不可能全天都采用番茄工作法做事情，有些时候，你不可能将注意力集中在单独一件事情上。比如，你是一名商务人员，需要在微信上和客户沟通方案，但客户的回复往往不是实时的。中间的空隙时间，除了等，你肯定需要做别的事情，类似的情况很常见吧。

其次，思维是个很神奇的东西，大家都有这样的经历：有时候你对甲事情的很多好想法，是你做乙事情时突然冒出来的。而让自己有更多这样的灵感时刻，其实也是有方法的。

因此，我们需要**遵循第三个时间管理原则：并行工作**。你可以同时推进几项工作，其核心是要提前做好规划、做好统筹。

拿上面那个和客户沟通方案的案例来说，你如果提前做了规划，在等待客户回复的过程中，就可以做些适合碎片时间做的事，比如读一篇文章、贴报销发票，你甚至也可以去开个会，很多时候这种沟通工作并不会互相干扰。

具体来说，有两个方法技巧可以使用：（1）**任务清单**；（2）**预览工作法**。

（1）除了最重要的每日三件事，我们还可以把手头其他的事情也列在一份任务清单上。这样的话，你就能清楚地知道有哪些事是可以并行推进的，有哪些事是可以利用空闲时间完成的。在做甲事情的间隙（可能是 5 分钟，也可能是几个小时），你可以去做乙丙丁等事情。制定任务清单的好处是，你不需要把这些事情存在脑子里，只要有了间隙，打开清单看一眼，把能做完的事马上做完。这样，在做完一件件任务的过程中，会有很多次小小的成就感。

（2）当然，还有很多事情你没办法很快做完，预览工作法是另一个好技巧。这是我"发明"的一个概念，意思是对接下来要做的几项工作，你可以先分别预览下大概的任务或内容详情，放在大脑的"后台"，然后去做眼前需要先做的事。举个最简单的例子，以前每次语文考试，老师都会跟我们强调一句：同学们，打开语文试卷要先做什么呢？要先看作文题呀。为什么呢？因为看完作文题之后，你的大脑就会自动把它放在后台运转了。在做前面题目的过程中，可能你对如何写作文已经有了很好的思路了。

基于时间的长度、密度、宽度三大特性，我们推导出了一些值得遵循的重要原则和方法。同时，我们还讲了时间是一种资本，是大多数年轻人几乎唯一的资本。它会有"复利"，也会因"通货膨胀"而贬值。这些特点在实操过程中能给我们什么样的启发呢？

从最根本上来说，我希望"时间是资本"这种解读，能帮你建立起"长期时间"的概念。其实，上面讲到的几点原则方法，不仅仅适合在中短期的具体工作中使用，它们也能指导你在"长期时间"中使用制定的策略和方案。但你会发现，不少人只是从指导"中短期"具体工作的角度去理解上述原则方法。

从长期来看，将时间投入到有价值的事情上一定会有"复利"。这对我们的时间管理方法有很实在的启发。

4. 做好"时间保护"

有过买股票经验的人，一定能深刻理解"投资的第一要义就是不亏损"的重要意义。我猜你买股票，肯定也是从亏损割肉开始的，教训会很深刻吧。当你把时间看作资本的时候，你就会发现：真的，你也做了很多导致时间亏损的事，而这些事本来是可以避免的……

在投资上，巴菲特分享过一个理念："20 个孔"原则。他让年轻人想象自己有一张卡片，上面只有 20 个打孔位，这代表了人一生能做的投资，一旦人打满了 20 个孔，就不能再进行任何投资。

我们花时间做事，当然不可能只做 20 件事。但是，巴菲特的话揭示了一个非常重要的道理，就是学会拒绝。拒绝你不应该投资的资产，拒绝你不应该花费时间的事情。时间既是你的资本，也是你的生命。谁要是来找你要时间做事的话，那真的是要你的钱、要你的生命啊……你能不好好对待吗？但不管是投资还是时间管理，都真的是我们很多人没有做好的事。

在今天这个注意力稀缺的时代，谁在争夺你的注意力？第一，自己；第二，他人；第三，工具。除了自己做好规划之外，拒绝他人以及工具对我们时间的不当侵占，应该成为每个人的必修课。

怎样拒绝别人的需求？方法有很多，我只给一个简单的办法：价值判断。一看事情本身对你的价值；二看关系维护对你的情感、利益价值。如果一件事在这两方面都没有价值，就拒绝。怎么拒绝工具的需求？也有一个简单的方法：降权。能降权的全降权，目标是把你可能"被动"受到的影响降到最低，而变成更"主动"地去搜索查看有价值的信息。

5. 进行时间交换

我们在保护自己时间的基础上，还有一件非常重要的事情，就是一定要进行时间交换，利用好他人的时间。用钱买合适的商品，是一个双赢行为。用钱、用资源买合适的别人的时间，也是一个双赢行为。千万不要什么事情都亲力亲为，你会做不到，也会做不好。

这里需要注意一点：不是说什么事情你都能做好，就一定要自己做。

社会分工看的是"相对优势"而不是"绝对优势"。只要别人做这件事情的投入产出比（不单单是成本或者收益）比你自己去做要更优，就可以交换。你可以给下属和同事分配工作，可以给家人、朋友安排任务，而且，你也应该这么做。

6. 进行时间定投

在投资中有一个概念叫作定投。据此，我发明了一个新的词：时间定投。时间定投是在每段时间（比如每个月）内花一些钱去投资优质的财产，被称为最简便、最不用花费多余精力的投资方法。只要投资的是优质标的，即使你在短期内可能面临亏损，长期也一定会享受大量的复利。而时间定投同样是一个法宝。

在《年轻的时候做点什么，才能让今后受益终身》这篇文章里，我得出了"时间是资本"这个结论之后，把我觉得年轻时应该做的事情分为了以下几个大类：一是工具、技能习得类的事；二是收益与时间长短呈绝对正相关的事；三是主要以投入时间为代价、存在突破机会的事；四是短期消耗时间却长期存在收益的事。

现在看起来，做这些事就是在做"时间定投"。一旦你发现你是在"定投"，那么，定投注定带来复利的资产，你是不是会有更强的动机去做好时间管理呢？

我不止一次看到过有人说：每天只工作三四个小时就够了。对此，我们千万不要相信。

我们不可能永远工作、学习，我们需要"时间消费"，也允许"时间浪费"（这不可避免）。

我赞同的是，确实很多人高效工作的"纯时间"就只有三四个小时，这和工作效率有关，但"毛时间"却是另一个概念。你如果每天只花三四个小时在工作上，有再高的效率也是空中楼阁。

其实，大部分真正努力的人工作强度都很大。互联网界"最懒"的CEO，陈天桥的弟弟陈大年，他当年做盛大游戏透支身体，把身体完全搞垮了。后来，他每天工作6个小时。有句话说：**没有那么多的时间投入，你轰不开那道改变未来的口子！**

帕斯卡说过："给时光以生命，而不是给生命以时光。"

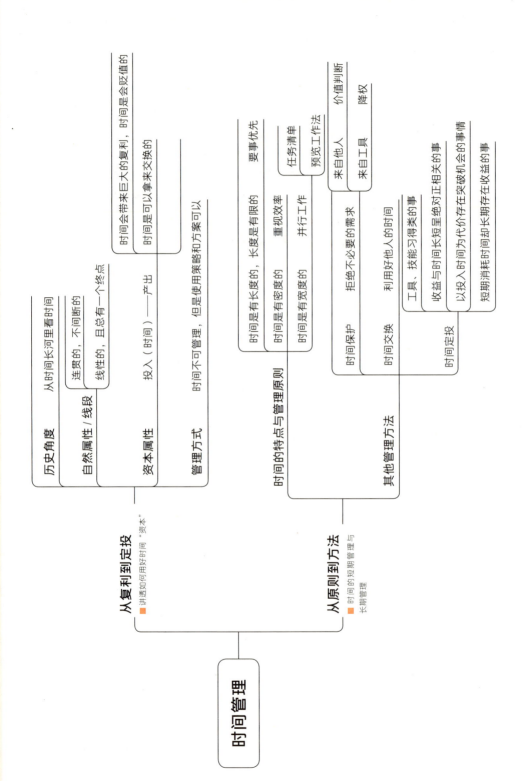

时间管理

从复利到定投
■ 讲透如何用好时间"资本"

历史角度
从时间长河里看时间

自然属性/线段
- 连续的，不间断的
- 线性的，且总有一个终点

资本属性
投入（时间）——产出
- 时间会带来巨大的复利，时间是会贬值的
- 时间是可以拿来交换的

管理方式
时间不可管理，但是使用策略和方案可以

从原则到方法
■ 时间的短期管理与长期管理

时间的特点与管理原则
- 时间是有长度的，长度是有限的
- 时间是有密度的 —— 重视效率
- 时间是有宽度的 —— 并行工作
- 要事优先
  - 任务清单
  - 预览工作法

其他管理方法

时间保护
拒绝不必要的需求

时间交换
利用好他人的时间
- 来自他人 —— 价值判断
- 来自工具 —— 降权

时间定投
- 工具、技能习得类的事
- 收益与时间长短呈绝对正相关的事
- 以投入时间为代价在突破机会的事情
- 短期消耗时间却长期存在收益的事

第十章

目标管理：
完成目标的关键，是学
会制定目标

你在向着目标前进的过程当中，每一步都是在获得营养，哪怕做错了，也能得到教训。

1 / 重新理解目标——终局目标、过程目标及支撑目标

目标明确的人都会格外珍惜时间。 ■

很多人总是说，人生找不到目标。但首先，我们需要搞明白，"目标感"到底意味着什么。在我看来，**所谓的目标感包括两个方面：一个方面是你为自己将要做的事大致找到了一个方向，一个框架；另一个方面，更重要的是你对这件事赋予了什么意义**。这两个方面同等重要，第一个方面可以帮助你摆脱想努力却不知道往哪儿走的困境，第二个方面可以帮助你获得不断向前的动力。

没有目标的人总是在等待，总是希望外界给他什么。而如果你有目标，全世界都可能是你的资源——因为你知道自己要什么，所以也就知道该从周边环境、人际关系中去获取什么。你在向着目标前进的过程当中，每一步都是在获得营养，哪怕中间有一小步做错了，也能得到教训。

但我必须要给一些人泼一盆冷水。不是你定了一个目标，就真的能实现，就真的能摆脱迷茫、空虚和失落。因为目标制定真的是一门学问。下面是我归纳的目标制定中常见的几个"陷阱"：

第一个，一开始就把目标定得太细，你会执行不下去。

第二个，把目标想得太美好，你会不知道从哪里下手。

第三个，自己的状态没调整好，努力可能会无效。

进入这几个陷阱的结果就是，大部分人为自己定的目标都完成不了。这样的结果又会加重自己的不自信，导致下一次更难有信心和充足的动力去制定目标、完成目标。

打破这种恶性循环的方法，就是实实在在地为自己定一个既科学合理又能激发斗志的目标，然后一丝不苟地去完成它，找到那种从制定目标到付诸行动再到完成目标的完整感觉。

*

下面是我的独家想法。我将目标分为三类：

第一类是终局目标：指最终你想要实现的某个大目标。我希望这个目标是你主动设置的，不是你要被动去完成的。既然是定目标，为什么不能自己做一回主？

第二类是过程目标：指在完成终局目标的过程中，需要一步步去完成的阶段性目标，这也是一个不断分解大目标的过程。

第三类是支撑目标：这是很多人都忽略的东西，总以为定了目标，干就得了，想那么多干吗。

根据我的经验和我观察到的无数人的失败经历，我认为：如果定了目标就能坚持下去，这个世界上应该到处都是实现了梦想的人。而事实上，大部分人定了目标，都会在走向目标的过程中遇到各种各样的问题，受到各种各样环境的制约和心魔的困扰，最终半途而废。所以，要想真正心无旁骛，再难也要把目标坚持下去，你需要在过程中为自己定一些服务支撑主目标的**"辅助性目标"**，比如经济上如何支撑、工作、家庭如何兼顾等等。

＊

下面，我具体阐释这三类目标的特点和制定的原则。

1. 终局目标

终局目标可以是模糊的、感性的，甚至理想化的，但是必须要足够激励人心。

很多企业都很喜欢搞企业愿景，有的公司刚成立，愿景就是"百年老店"，目标远大。但我真正推崇的终局目标，其实不是三年、五年、十年之类的长目标，而是足够让你动心的大目标。

要立大志，不要立长志。比如，如果想练好写作，你定一个"坚持一年要写多少篇文章"的目标，远远不如"我要开一个公众号坚持每天发一篇原创"或者"我要独自写一本书"的效果好。因为最终能刺激你一直坚持下去的，一定是你内心真正渴望的东西。这就是为什么很多人在大学颓废多年后，一旦定下"考研"的目标，往往就能激发出超出自己想象的动力。

你定下一个这样的目标，一旦实现后带给你的人生改变几乎是颠覆性的。因为它是你人生道路上的岔路口，只不过这样的岔路口是你自己选的，是自己想走的。

人如何才能掌控自己的命运，不随波逐流，得过且过？就是要在每个人生阶段，尽量都为自己定下一些类似的终局目标。**以终为始，让目标来改变你的行动。**

2. 过程目标

过程目标与终局目标最大的不同是，它是清晰的、可量化的，是短期的、具体的、理性的，有时候很枯燥。比如大学毕业时，你定的大目标是去一家知名的互联网企业，那么过程目标就包括：广泛收集各类互联网企业的基本信息（具体什么行业、薪酬待遇），了解相关招聘的基本流程和要求（历年笔试、群面、单独面试都有什么特点），精心制作简历，参加笔试、面试，等等。又如一个专长是唱歌的人找到了参加某个选秀节目的机会，过程目标就包括录制小样、报名参赛，通过后要去选歌、编曲、找一些人多的场合练现场体验，等等。

一定要记住，凡是不可准确地描述或者分解的目标，都是几乎不可能实现的目标。对大多数人而言，有些首富说的"一个亿的小目标"都是天方夜谭，因为多数人按照正常的工作生活状态，几乎没有任何触碰到这个目标的可能。终局目标只是给你指引方向，真正要走到那一步，还是需要一点点地去把这个过程细化、量化。

不过要注意的是，多数目标管理类的书籍都会要求你一上来就把目标定得很细。这是不现实的，除非你照抄别人经历过的"路径"，否则自己走向大目标的过程，一定是**先有大的框架和概念，在过程中逐渐细化内容的。**所以，不要因为目标没有细化，就不采取任何行动。只要方向明确，走一步就能有一步的收获。

3. 支撑目标

支撑目标是多数人都会忽略的。如果没有大目标放在前面，所谓的支撑目标其实就是我们生活中的点点滴滴。但正因为有了大的目标方向，有了每一步要做的事情，我们才将这些日常的东西赋予了不一样的意义。说白了，所谓的支撑目标就是为了实现你的目标，你需要的资源包括心理准备、物质准备、心态准备、时间分配、人脉关系等。

还是以考研为例，要想真正坚持一年，按照复习计划完成考研这一大目标，你至少需要这些方面的准备：（1）支持一年生活所需的较为充足的费用（2万~5万元）；（2）每天自己能支配的时间（12小时以上）；（3）比较健康的身体（最好每天能抽出1小时去锻炼）；（4）和谐的家庭和融洽的同学关系等；（5）良好的情绪心态。

你在制定目标时，如果忽略了这类辅助的、支撑性的目标，就可能在考研过程中遭遇各种各样的问题，最终让你在完成目标的效果上大打折扣。

*

前面我花了很多篇幅介绍我关于目标管理的独特分类。将目标分为终局、过程和支撑三类，有助于我们在制定和完成目标的过程中思路更清晰，准备更充分。但要想实现最佳效果，根本上还是要在制定目标时，将这三者结合起来。比如，某人一开始定的终局目标是"我想变美"，但这个表述太模糊，可以稍微优化为：我想在容貌、身材、皮肤、穿衣打扮、气质等方面有质的提升。

到了过程目标这里，就要将这些层级尽量进行分解，比如容貌、皮肤如何提升（每天护肤、化妆，有必要时进行微整形手术，等等）；身材如何提升（规律健身、改变饮食等）；穿衣打扮如何提升（寻找目标对象，设计不同场合的穿衣风格、使用的香水等。）；气质如何提升（举止、行为的自律，学习、读书的目标，等等）。

你可以用金字塔结构对过程目标不断地进行层次分解。比如容貌提升——护肤、化妆——每天要做的内容、时间——具体的安排、尝试，等等。最后就是在目标制定时，把支撑目标的东西考虑进去。如经济方面、身体方面、时间方面、情绪方面、家庭方面等，需要提前做什么准备。

在这个过程中，要建立正向反馈，让自己有不断前行的动力。

多说一点。我之所以特别推崇按照这个思路来制定目标和推进目标，除了因为这样能让目标更清晰、推进更有力之外，还有一点很重要。那就是，当你以"我想要变美"为目标，向着这个方向努力，同时又分解了过程目标，兼顾了支撑目标，那么，最后很可能你更会利用时间了，你奋斗的意愿更强烈了，你更敢于展示自己了……这就像**"拔出萝卜带出泥"**，你的终局目标是"萝卜"，但支撑你完成的这些"泥"，最后都可能成为孕育你的目标的肥沃土壤。

最后，总结一下我独特的目标管理法则：**用终局目标来激励自己，用过程目标来执行计划，用支撑目标让自己在前进的过程中不断进化，变得强大。**

2／ 目 标 分 解——手 把 手 地 教 你 立 体 化 制 定 目 标

从终局目标、过程目标到
支撑目标，每一项的结果都超
出预期。 ■

1. 如何一步步制定自己的目标

首先，我们先厘清几个大原则：

（1）所谓的终局目标不是"终极目标"。

终局目标其实就是那个你能赋予其意义，能激发你自觉行动的目标。所以，终局目标的完成时限尽量不要超过三年。时间长了变数太多，基本就属于理想状态，如果你现在找到的终局目标三年内基本不可能实现，那就意味着这个目标可以分解再分解，直到你找到那个既能让你心动，又不是镜花水月的目标。

比如：有人问我，财务自由算不算终局目标？我觉得，这不是我定义的终局目标，因为这个目标过于宽泛，时限也无法确定，至少应该将其分解为："要实现财务自由，至少要在我所在的城市拥有两套住房，要做到这点，我就需要在两年内存款 100 万用于购房……"到了这一步，你可以将终局目标设定为"两年内存款 100 万"。

（2）同一时间段内（比如一年或者两年），你设为终局目标的事情不要超过三件。

（3）要将你的目标记录下来，将目标计划贴在自己看得见的地方。

有人喜欢把自己的目标和计划发到朋友圈，想让别人监督自己。但问题是，他自己都不看朋友圈，时间长了，之前发了什么目标计划完全不记得了。所以，建议做到两点：一是在电脑桌面上放一份计划表，每次开机就能看到；二是在工位或者家里书桌上贴一张纸质的计划表，确保每天抬头就能看到。

（4）制定目标前，一定要先深入分析这个目标是什么，为什么要做，怎么做到。

因为没有经过分析的目标基本都不走心。而一个不走心的目标，你自己都很难持续上心。只有在你充分对你的过去、现在和未来，你的优劣势，你内心真正的渴望进行分析后，定下的那个目标，才是真正值得去执行、也是可以执行的目标。

（5）终局目标分解成过程目标后，一定要量化，定下时限。

只有这样，你才知道到了什么时间你该做到什么程度。但请注意，可量化并不意味着过程目标一定要很细、很完善，或者中间不能有任何变化，要留下灵活的空间。李德·哈特的《战略论》，分析了上千年间的 30 场战争、280 场战役，归纳了八条胜利的公理，其中前两条是：

①调整目的以适应手段；

②心中经常保持目标而计划则适应环境。

古人说：水无常形，兵无常势。所以，不要过于机械。

（6）要对目标落实情况及时记录，重点去分析未完成的原因、延期的原因。

根据我的经验和观察到的情况，之所以定下的目标完不成，多半都是因为我们在支撑目标上出了问题，要么是时间分配不合理，要么是可以利用的资源不足，要么是心态情绪准备不够。当目标的完成过程出现了明显的困难，一定要及时总结分析，这时候再来重新明确支撑目标，效果会更明显。

2. 你只有定下清晰、精准的目标，才可能超出预期

我们都希望未来超出预期，但前提是，你要先给自己的这几年甚至每一年拟定一个看得见、够得着的清晰目标，这样才可能在目标完成的过程中实现超预期的收获。下面，我以自己在 2 年前定的三个终局目标以及最后的完成情况为例，向大家分析目标是如何制定和完成的。根据前面所讲的定目标的原则和方法，我在认真地分析和梳理后，为自己在 2019 年定下了三个终局目标。

终局目标一：出一本书。

因为之前有过出书的经验，所以这个目标我可以轻易地进行分解，按时间计划，把过程目标罗列出来：4 月底前，联系确定出版社；5 月底前，讨论方案确定大纲；7 月底前整理已有的精选文章，同时根据大纲规划新创作部分文章；10 月底前，完成全书排版设计，提交审核；11 月底前根据审核意见进行修改打磨；12 月底前确定宣传发行方案，准备正式推出。

这本书就是 2019 年由中信出版社出版的《成为极少数》，当时刚出版就荣列当当网 24 小时新书榜榜首，目前仍位列整个当当网所有成长、职场领域畅销书 500 强。很多朋友通过这本书认识了我，接触到了我。可以说，效果超出了预期。

终局目标二：运营一个优质的成长社群。

这个社群就是"栩先生·爆发式成长营"。（在 2019 年的时候是叫这个名称，到 2021 年，已经更名为"栩先生的读书进化圈"。）当时，我第一次运营社群，所以在这之前做了大量的准备工作。在全面了解了多个社群运营模式，阅读了一些社群运营的书后，我将这个终局目标分解成了过程目标：2 月底前，"卧底"调研至少 5 个成熟的社群；3 月底前，形成社群大体方案；4 月中旬前，绘制完成社群主题阶段的思维导图；注册社群，起草社群使用和运营规则；起草社群推广文案；5 月初，社群正式上线；从 5 月 12 日开始，进入社群核心成长阶段，和大家抱团成长！

目前这个社群已有超过 5000 名学员，运营超过 700 天，累积邀请了 50 多位各领域的"大咖"嘉宾前来做分享，沉淀的"干货"内容达上百万字。而且，每年都在迭代更新，其运营效果超过了预期。

终局目标三：新开设一个公众号。

大家可能都知道，我是公众号"栩先生"的创始人，这个号主要集中于个人成长。其核心使命是通过有温度的"干货"和有态度的观点，帮助大家打开思维格局，理清成长过程中的困惑，让大家少走弯路。

但这个号的个人色彩太浓了，我希望能做一个完全平台化的公众号，这个公众号一定不要有我太强的个人色彩，而是要从另一个角度给大家提供展示、成长和交流的平台。

据此，我将这个终局目标分解成了过程目标：5 月以前，调研了解当下公众号的特点，确定主攻方向；5 月下旬，注册公众号；5 月底前，完成公众号头像、排版等 VI 确定；6 月起，开始正式发文预热；6 月中旬，明确投稿发文规则，在社群进行宣传推广；6 月中旬起，开始稳定地进行更新；6 月底前，争取选定几名群友参与运营。

这个号就是目前在宣传、介绍的公众号"栩然说"。已经有了几十万"粉丝"的关注，每篇文章的阅读量都有好几万。至于我为什么能在公众号整体走"下坡路"的情况下，用短短两年时间做出一个如此具有影响力的公众号，我认为，看过我们文章的人都懂，我们是具备独特性的。

3. 后方的支撑看似不起眼，却很可能是决定成败的关键

上面，就是我在 2019 年时，制定的重点想要达成的终局目标。这些目标，我当年在社群里公布过，放进本书时，很多内容都还是原来的话，一字不变。现在来看，这 3 个目标能实现并超出预期，除了因为目标是在过去的经验和分析总结的基础上制定的，还因为为了达成上述目标，我拟定了几个方面的支撑目标。包括：

（1）个人品牌建设。这是出书、开社群的核心竞争力。

（2）时间分配。如果时间管理不合格，要想在工作之余完成如此多的任务就是天方夜谭。

（3）团队资源。现在的工作量已经不是我一个人能完成的了，所以我为社群找了一名专业的助理，她也确实非常尽职尽责。我集中于内容输出，一般的运营都由她来负责。

（4）自律及习惯养成。按理说这是日常需要做到的，但考虑到当年的任务实在太重，因此特别要把这一条当成目标来完成，坚持做到自律。

（5）个人心态。这是要完成大目标一定要兼顾的方向，保持自己的精神状态持续积极平和，不会陷入大起大落之中。

（6）身体保证。这是完成当年任务的根本保证，我将它列了上来。坚持锻炼和严格饮食，确保身体状态始终比较好。

最后总结一下，我们需要制定三类目标：**终局目标，过程目标，支撑**

目标。终局目标没有完成，很多时候是我们的支撑目标出现了问题，这就像打仗时的后勤——在很多战役里，一旦粮草被人截了或者被烧了，很可能就全军崩溃了，因此需要特别留意完成好支撑目标。

3/ 如何出版第一本书——我的立体式目标管理法实践

2017 年 9 月，我人生的第一本书正式上市。在每天工作十几个小时后，我仍坚持拿出两个小时进行创作，才有了此书的完成。 ■

立体式目标管理法

什么是立体式目标？其核心就是不要孤立地、单一地、线性地去制定一个目标。多数人之所以最后实现不了目标，多半都是在一开始制定目标的时候就已经输了。要么想得太远、太美，根本落实不了；要么想得太细、太琐碎，完全没有坚持下去的欲望。

归根到底，制定目标本身就是实现目标的一部分，甚至可以说，是相当重要的一部分。你把目标制定好了，既能激发你的动力和斗志，又能让你一步一步地对照着走下去，这样就相当于已经完成了五分之一的目标了。当然，这里所说的目标是短期的任务计划。

我所指的目标都是需要当前的你跳起来才够得着的目标，目标一旦实现，能给你的职业发展、生活、人际关系、个人能力等方面带来实打实的改变。

日常生活中，我们会时不时看到某个人突然就成功了，但是我们并不知道他在背后付出了多少，就像郭德纲所说的：你是那一夜认识我的，但我不是那一夜成功的。

*

一个这样的目标，不只是"我要考上研究生""我要变美""我要写一本书"这么几个字，而是要完整地包含几个维度，也就是我所总结的"立体化目标管理法"。这里我再为大家复习、梳理一遍：

一是调研分析目标。一个目标没有经过调研了解就匆匆忙忙拍脑袋提出来，它实现的概率有多大？

时代变了，调研的方法不一定要像跑到别人家里挨个访谈那样麻烦了。现在的调研可以充分利用网络，比如制作网络调查问卷，比如通过网络广泛地搜集资料，比如通过网上平台约谈行家，等等。经过充分地调研分析后，一个类似"我要创建一个社群"的目标就可以优化为：我要创建一个和目前大多数社群不同的、有体系的、可成长的社群。

二是找到终局目标。我反复强调终局目标不是终极目标，不是一个大而化之、玄而又玄的概念。它指的是一个足以激发你斗志，能给你带来改变，时间不超过三年的大目标。终局目标有时候不是想出来的，而是找出来的。我们大多数时候定目标都不会想很多，要做什么事就做了，不去想这件事背后还有没有更深的含义、更有价值的东西。

一定要在任何你想定的目标之上，去找到那个更有意义、更让你动心的终局目标。比如，你想要一年背 8000 个单词，那背了 8000 个单词又是为了什么呢？或者是为了帮助自己考研、考托福成功，又或者是为了能无障碍地阅读英文原著，还是为了和外国人无压力地对话，等等。这些都比"背 8000 个单词"要有意义得多。

我大学毕业后，定了一个在网上写东西的计划。这个计划最终没能完全实现，因为"网上写东西"这个计划目的是不明确的，如果没有吸引力强的东西，一旦受挫就很难坚持下去。直到后来，我将在网上写东西和出书联系了起来，计划得以实现。

写作是为了出书，这就有了一个更吸引人、更明确、更有意义的终局目标。这最终激励我在业余写作的道路上坚持了这么多年。

三是分解过程目标。这个前面我已经说得非常详细了，大家可以参考我之前是如何分解我的 2019 年目标的。

四是定义支撑目标。一个大目标的提出、推进和实现，不可能只靠日常的状态就能完成。这就像进行一场大的战役，肯定要"兵马未动，粮草先行"，充分做好后勤、医疗、选拔、训练等各方面的准备。

一般来说，支撑目标不外乎以下几条：（1）时间分配；（2）物质条件；（3）人脉资源；（4）家庭、工作环境；（5）身体状态；（6）精神情绪；（7）硬件设施；（8）其他条件。

*

这里我再结合我当年出第一本书（《成为极少数》是我出版的第二本书）时的经历，为大家展示，"立体式目标管理法"在帮助个人实现目标计划时的超预期作用。

我当年想要出第一本书的时候，完全没有任何经验，没有任何名气积累，也没有任何"粉丝"，和现在的大家一样，是完完全全的"小白"。那是 2014 年至 2015 年的时候，我觉得经过工作、思考、总结和积累，自己可以写点东西了。但在具体的写作方向上，我非常犹豫。看过我公众号的人都知道，我写的东西非常广泛，可以写小说、散文等文学作品，可以写历史，写职场，写"鸡汤"文，也能写时评，写心理学、情绪管理方面的文章……

最后，我结合自己的实际经历——曾在国企工作，又擅长历史——决定写国企历史。当然，一开始我就没准备按照学术研究的方式来写，而是准备在大量查阅、分析资料的基础上，结合日常工作的经验，用一种比较通俗诙谐的笔法来写，增强趣味性、可读性，又兼顾知识性、启发性。

我一开始其实没准备写书，只是想找个地方写写东西而已。我的第一站是天涯，在那里发了十多篇文章。

后来大概有几个月的时间，我没有再写，这期间我一直在思索我写作的目标到底是什么。最后，就像前面说的，我将写作和出书结合了起来。我终于知道我的目标到底是什么了：我要在三年内出一本书。于是，我按照出书的标准重新制定了写作大纲、计划，并且开始了调研分析。

通过网络搜索、人脉资源去了解，我又得出了一个结论：在这个时代，一个从未出过书的"小白"直接拟定一个大纲，或者先闷头写出来再找出版社出，是一件非常困难的事情。更好的策略是，先有"名气"再出书。

我进一步分析，如何获得"名气"？最后我决定在互联网上通过发文得到大家的认可。

知乎成了首选。那时知乎非常适合我这种没有名气但对写作的内容质量有把握的新人。我同步考虑的还有微信公众号这个平台。只不过那时我对这两个平台都很陌生，熟悉需要花费大量的时间，所以先侧重在知乎写作。

*

这是第一步，我找到了一个终局目标：出书。同时我又通过调研分析，将这个终局目标初步分解成了两个大目标：开公众号、写知乎。其中，更侧重于写知乎，并将写知乎的目标进行了细化分解：了解知乎的社区规则，尝试写回答，等等。

写了一年多，到了 2016 年，我在知乎积累了 20 余万赞同、8 万粉丝。在我准备联系出版社的同时，有很多出版社开始联系我。

在多轮沟通后，我选定了一家出版社，明确了大纲和总字数，并在 2016 年年底签订了出版合同。我需要在不超过 4 个月的时间里，完成十多万字的书稿内容写作。我倒排时间，将目标进行了分解，发现我要在工作之余，每月完成 3 万多字的书稿，每周要完成 8000 字以上的原创写作。

关键是，年底年初正是我最忙的时候。为了完成目标，我为自己在时间分配、身体状态、心理情绪、自律、家庭、工作等方面同步制定了支撑目标。比如，每天坚持冥想 10 分钟；坚持使用"番茄工作法"，集中精力投入 45 分钟，可以休息一下；坚持定期检查复盘个人情绪，及时化解和排出负面情绪；坚持自律，每天无论多忙多累，都一定要逼着自己打开 Word，哪怕只敲了一行字就写不动了，也是和自己的拖延、不自律做斗争……

我把写书的计划用 A3 纸打出来，贴在了家里的墙上，每天抬头都能看到，时时刻刻提醒自己。同时，为了解决写作过程太长，激励反馈不及时的问题，我每写出一篇，就会给编辑交一篇，听听他的建议和鼓励。就是在这种极端的情况下，我在规定的时间内完成了初稿交付。支撑目标的推行，让我在自律、心理和身体状态方面都有了非常大的进步。所以，后面的一些工作，比如修改书稿、审核等就变得没那么难了。

2017 年 9 月，我人生的第一本书正式上市，名字叫《所有的奋斗都是一种不甘平凡》。书里有几段话是我心路历程的真实写照：

我拼命地看书、学习、思考，不断地摸爬滚打，在"栩先生"这个号上分享的很多文章、"干货"，都是摔得遍体鳞伤后最痛的领悟。

其实，我并不想太多地去渲染这些苦难不堪的过往。

因为，我从来都不认为苦难是一笔财富。

苦难并不能铸就什么成功；相反，只有你取得了成功，才能让过去的苦难变成吹牛的资本。

缺乏识见而又无人指点，让我走过了太多的弯路、歧路甚至回头路。

支撑我坚持下来的，只有三个字：不甘心。

不甘心这一生就如此蹉跎，不甘心曾经的幻想都成镜花水月，不甘心已经付出了这么多却一无所获……

于是一路跌跌撞撞，终于完成了这一场长途奔袭，走到了我在山里时无数次梦想过的地方。

这些年里，我不断地去追问自己，这一路到底是怎么走过来的？遇到的那些坎都是怎么迈过去的？那些绕过的弯路、摔过的跟头是不是原本可以避免？

我做了很多尝试，学了很多乱七八糟的东西，看了各种有用没用的书，花了很多的时间去观察，我写知乎、写公众号、写书，都是想用我自己的思考和经历告诉大家：即使出身贫寒，即使身处逆境，即使一时失意，**都永远不要自我放弃**。

因为，最让人抱憾终生的，**不是我做不到，而是我没试过**。

从 2014 年有这个想法，到 2017 年新书出版，花了整整三年的时间，终于从无到有。从零起步，我完成了这个制定目标时自己都不太敢相信的目标。这就是科学的、严格的目标管理方法的巨大作用。而这个终局目标的实现以及实现过程，都给我带来了巨大的收获和成长。

从后面的结果看，所有的付出不仅是值得的，甚至是超值的。我之所以反反复复苦口婆心地和大家讲这么多关于"立体式目标管理法"的内容，除了因为这是经过我本人多次实践、真正有效的方法，我也真诚地希望，这能激励和启发你也能为自己定下 1 ~ 3 个终局目标，并按照我提供的模板进行分解。

相信我，只要你做了，在完成目标的过程中你就能直观地感受到自己的成长变化。在完成目标之后，你更能体会到多巴胺肆意涌流的那种巨大的快乐和成就感。这是你给自己人生最大的奖励。

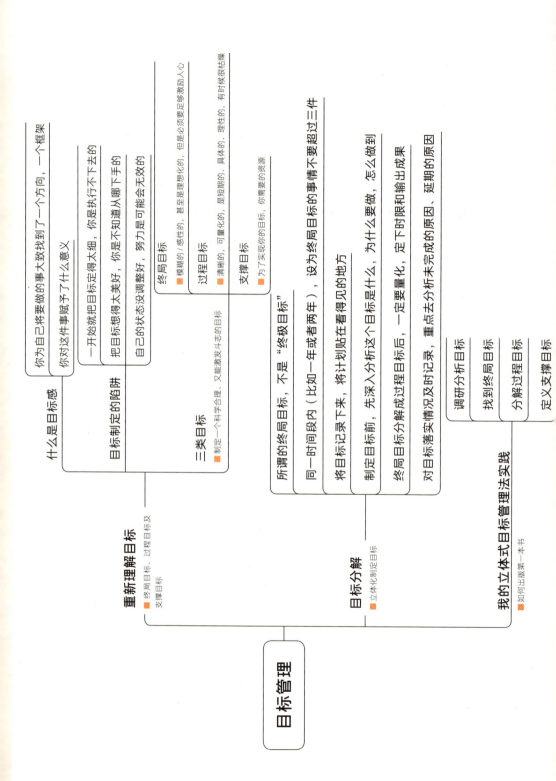

目标管理

重新理解目标
■ 终局目标、过程目标及支撑目标

什么是目标感
- 你为自己将要做的事大致找到了一个方向，一个框架
- 你对这件事赋予了什么意义

目标制定的陷阱
- 一开始就把目标定得太细，你是执行不下去的
- 把目标想得太美好，你是不知道从哪下手的
- 自己的状态没调整好，努力是可能会无效的

三类目标
- 终局目标
  ■ 模糊的／感性的，甚至是理想化的，但是必须要足够激励人心
- 过程目标
  ■ 清晰的，可量化的，是短期的、具体的、理性的，有时候很枯燥
- 支撑目标
  ■ 为了实现你的目标，你需要的资源
- 制定一个科学合理，又能激发斗志的目标

目标分解
■ 立体化制定目标

- 所谓的终局目标，不是"终极目标"
- 同一时间段内（比如一年或者两年），设为终局目标的事情不要超过三件
- 将目标记录下来，将计划贴在看得见的地方
- 制定目标前，先深入分析这个目标是什么，为什么要做，怎么做到
- 终局目标分解成过程目标后，一定要量化，定下时限和输出成果
- 对目标落实情况及时记录，重点去分析未完成的原因、延期的原因

我的立体式目标管理法实践
■ 如何出版第一本书

- 调研分析目标
- 找到终局目标
- 分解过程目标
- 定义支撑目标

第十一章

领导力:
每一个人，都有成为管理者的潜质

多数人因看见而相信，唯少数人因
相信而看见。

1／ 什么是领导力——看懂《亮剑》，就看懂了真正的领导力

"无论对手有多么强大，就算对方是天下第一剑客，明知不敌，也要亮出自己的宝剑。"

——电视剧《亮剑》 ■

在很多人的认知中有一个误区：觉得自己还只是一名普通的职场人或学生，"领导力"这个主题和自己有距离。但事实上，每个人都需要领导力。无论你（未来）需要带领大大小小的团队进行合作，还是驱动自己去做一些事情，你都需要提升自己的领导力，甚至就算是经营好一个家庭，也需要有一定的领导力。

如果你能够领导团队不断走向胜利，当然就是一位具有优秀领导力的人才。具体来说，你需要具备什么能力呢？一是"带业务"的能力，二是"带团队"的能力。抽丝剥茧其实就是这两条。而这两种能力在《亮剑》中几位主人公身上有很好的体现。

1. 带业务：能打仗、打胜仗

讲两个细节：

第一个细节，是政委赵刚来到团长李云龙所在的独立团报到。赵刚是

燕京大学毕业，典型的书生弃笔从戎。而李云龙则是十几岁参加革命，摸爬滚打了许多年，从战场里"爬"出来的。所以，李云龙刚看到赵刚的时候，一脸不屑，觉得"上级又给咱派了个书生来"，打心里瞧不上他。而在此之前，李云龙已经弄跑了两个政委。

李云龙对赵刚看法的转变发生在李家坡之战后。在这场战斗里，赵刚露了一手枪法，在 150 米开外用 3 枪干掉了 3 个鬼子。在此之后，李云龙主动去找赵刚喝酒。这说明，赵刚已经赢得了李云龙"这头倔驴"的认可。

第二个细节，很多人都非常熟悉。李云龙攻打平安县城，久攻不下，最后，李云龙说了一句话："二营长，你 ×× 的意大利炮呢？给我拉来。"这句话乍听起来也没什么特别。但从这样的细节里，你能够看出，李云龙这个领导有一个非常大的特点，他非常重视业务，对打仗方法、武器装备门儿清。他随时都知道自己的队伍有什么、需要什么，他也看不上那些不懂业务的人。在李云龙所处的战争年代，这确实非常重要。你能带着大家打胜仗，这才是所谓领导力的基础。

其实，今天这样一个竞争激烈、脑力竞争越来越重要的互联网时代，某些地方也非常像当时的战争年代。

曾经，在工厂里，可能会有一些专门的管理者，他们并不太懂业务，把管理当作自己的专业技术来看待，只要能做好管理，就可以取得不错的发展。但今天，越来越多的人发现，"只会做管理"的领导是很难服众的。公司的管理在互联网等行业正变得很扁平。走到管理岗位的技术人员也不敢丢掉自己的业务能力，因为始终觉得这才是自己吃饭的家伙。

懂业务并不代表你要在每个领域都强于你的下属。这既不可能，也没必要。李云龙在功夫上肯定比不上少林寺出身的魏和尚，但这不妨碍李云龙做一个优秀的团长。因为他非常会带队伍，带出了一支"嗷嗷叫"的独立团，他会发现并且培养团队成员的力量，去实现目标。

2. 带团队：发现人才、培养人才

《亮剑》中，李云龙干过这样一件事：他和赵刚讨论之后认为，战斗中需要有一个能力很强的突击队，来集中力量于一点，实现战场上的突破。这就需要找到一些个人素质很突出的战士。于是，李云龙马上让炊事员杀了一头猪，然后召集全团战士集合，让炊事员当面烧火熬汤。然后李云龙告诉大家，只要谁能打赢他，就可以吃肉，输的人只能眼巴巴地看着。而赵刚则在不远处召集士兵扔手榴弹，扔得准的战士同样可以吃肉。这其实就是带队伍过程中非常重要的内容：发现人才、培养人才。

很多人都知道，领导团队时令行禁止是非常重要的。比如曹操行军时，他的马匹受惊践踏了麦地，便有了曹操割发代首的典故。没有规矩，无论是军队还是公司，都会成为乌合之众。但更为重要的，还是要发现人才，并且培养人才。

培养人才，非常重要的方法就是激励，既需要物质激励，更需要精神激励。在激励人才的过程中，其实还有一点非常重要，那就是：充分授权。

还是回到李云龙攻打平安县城之前的时刻。当时，李云龙的团部被日本军队突袭，李云龙的新婚妻子也被俘房，李云龙召集各营一起参加战斗。这时，出现了一句经典语录，一营长张大彪说："团长，你都快当师长了！算上支持我们的地方武装，咱们一共有上万人了！"李云龙一看名册，说道："这么多人？啥时候钻出这么多人来？"

啥时候钻出这么多人来？原因就在于，李云龙放手让下面的人去自己想路子，招兵、扩军，结果队伍越带越大。这当然与当年的时代背景息息相关，但从今天的视角来看，其实也可以说是给了基层干部很大的授权空间，让他们自己发展壮大。很多时候，获得授权的团队成员往往能获得更快的成长，当然也会推动业务取得更好的发展。如果一个领导事必躬亲，任何权力都掌握在自己手上，不肯放给手下，那最终的结果肯定就是大家都累死累活，但效果却不见得能有多好。没有授权，人才也就没有真正的施展空间。所有的激励也只能浮于表面。

3. 带团队：提供方向与信念

很多人看《亮剑》都喜欢看前期的战斗场面，觉得非常过瘾。但对我而言，它的最后部分给我留下了十分深刻的印象。这部剧看完后你会发现，李云龙和丁伟他们其实各有所长。在有的地方，其实李云龙比不上丁伟。

甚至可以说，李云龙是一个出色的"将"，但丁伟具有真正"帅才"的潜质。

就拿其中的一幕来说。当时，李云龙和丁伟、孔捷等老兄弟（都是当年的团长）到南京军事学院学习。学习的最后，大家都要进行结业答辩。丁伟的答辩主题是"我们国防的重点方向应该在哪里？"丁伟提出了 ABC 三国极具前瞻性和战略价值的论点。让当时坐在台上听答辩的很多领导很受震动。

用今天企业经营的视角来看，丁伟的难能可贵之处就在于，他是一个有很深刻的战略思维的人。如果说李云龙是那种你交给他什么战斗，他就能带领大家打胜仗的大将，那么，丁伟就是一个能够主动思考方向，甚至在领导都还没有想清楚之前，就提前去想清楚方向的人。无论是发现人才还是激励人才，最终都是要把优秀的人才凝聚起来，朝着正确的、有价值的方向前进。作为一个领导者，能够不断地去思考目标，给下属明确的方向感，这是领导力中非常宝贵的内容。

而同样在答辩过程中，李云龙也展现出另一项非常难能可贵的领导力因素。李云龙的答辩主题是：亮剑精神。这也正是这部剧的点题之处，我在这里全文引用一下李云龙答辩的内容：

同志们，我先来解释一下什么叫"亮剑"。古代剑客们在与对手狭路相逢时，无论对手有多么强大，就算对方是天下第一剑客，明知不敌，也要亮出自己的宝剑，即使倒在对手的剑下，也虽败犹荣，这就是亮剑精神！

事实证明，一支具有优良传统的部队，往往具有培养英雄的土壤，英雄或是优秀军人的出现，往往是由集体形式出现，而不是由个体形式出现，理由很简单——他们受到同样传统的影响，养成了同样的性格和气质。

例如，第二次世界大战时，苏联空军第十六航空团P—39飞蛇战斗机大队竟产生了二十名获得"苏联英雄"称号的王牌飞行员；与此同时，苏联空军某部施乌德飞行中队产生了二十一名获得"苏联英雄"称号的模范飞行员。任何一支部队都有自己的传统。传统是什么？传统是一种性格，是一种气质，这种传统和性格是由这支部队组建时首任军事首长的性格和气质决定的，他给这支部队注入了灵魂，从此，不管岁月流逝，人员更迭，这支部队灵魂永在！

同志们，这是什么？这就是我们的军魂！我们进行了二十二年的武装斗争，从弱小逐渐走向强大，我们靠的是什么？我们靠的就是这种军魂，我们靠的就是我们军队广大指战员的战斗意志！纵然是敌众我寡，纵然是深陷重围，但是，我们敢于亮剑！我们敢于战斗到最后一个人！

一句话：狭路相逢勇者胜！亮剑精神就是我们这支军队的军魂！剑锋所指，所向披靡！！！

这几段内容写得真不错，大家有时间可以细细品味。李云龙身上有的这种品质叫作信念。他给独立团赋予了这种"亮剑精神"，这是他的队伍能够"嗷嗷叫"的精神支撑所在。而在这种亮剑的精神和信念背后，其实，还有一个更为深层的支撑因素，那就是信仰。

对普通企业、团队里的领导者来说，能够做到给团队成员提供信念，已经非常合格了。

最后总结一下：**能"带业务"是今天的领导者需要具备的基础能力；能发现人才、激励人才，给人才充分的授权让他们施展，是一个优秀领导者应具备的素质；能不断地给团队提供正确的方向与信念，可成为一名卓越的领导者。**

而要做这样一个领导团队的人，当然也有很重要的前提，那就是你能够做好自我管理，比如自我的目标管理、时间管理、情绪管理、知识管理等，这也是我们要将领导力这一章节放在目标管理等章节之后的原因。

这一节，我给大家讲了几个故事，帮助大家更形象地去理解领导力的内涵。我们不一定都是李云龙、赵刚这样带大团队的人，但是，对每一个在小团队中成长起来的普通人来说，学习这些内容应该同样受到启发。

2/ 领导力极简法则——从项羽式领导变成刘邦式领导

真正的领导者，不争一城一地之得失，不在意一时的成功失败，他们看到的永远是全局。

上文我们以《亮剑》里的故事为基础，介绍了什么是领导力。下面这篇文章，我们来谈谈，你我这样的普通人如何成为一个有领导力的人。一个能力突出的年轻人，如果得到机会成为一个小团队的领导者，往往很可能会成为一个项羽式的领导者或者诸葛亮式的领导者。所以，我们这篇文章就从这个角度展开。

什么是项羽式领导者呢？项羽这个人有很多特点，我们这里只取其中一点：个人能力很突出，但自己的长板反而成了自己的短板。什么事情都只相信自己，想靠个人能力去解决问题，也不能虚心听取别人的意见。而且要封官给下属，还要拿着官印抚摸半天。

什么是诸葛亮式领导者呢？诸葛亮治蜀有非常不错的成绩，十分值得钦佩。当然，人无完人，他的领导风格也有一个弊病：事必躬亲。司马懿和诸葛亮交战时，从蜀国使者那里了解到：诸葛亮饭量小；同时，军队里每次二十军棍以上的处罚决定，诸葛亮都要亲自过目。随后，司马懿给了他这样一句评价：其能久乎！意思就是，诸葛亮这么干，能持久吗？

项羽和诸葛亮的这种领导方式，带来的最终结果是：项羽兵败身死，而诸葛亮则出师未捷身先死，病逝五丈原，给后世留下无数喟叹。对于项羽为何失天下，刘邦为何得天下，刘邦自己有过一段精彩的论断：运筹帷幄我不如张良，带兵打仗我不如韩信，后勤保障我不如萧何，但他们都能为我所用，但"项羽有一范增而不能用，此其所以为我擒也"。这里面既有阅历积累后的心智成熟、认知升级，也有反复磨炼后的情绪稳定、洞察人心。

我们当然做不到刘邦那样的大事业，但无论是今后创业、开店，还是带团队，都应该去学刘邦怎么"把自己人搞得多多的"的能力，而不是陷入项羽那种众叛亲离的境遇。那么，到底怎样做到洞察人心，进而发现和激励更多人才？这是我们接下来的讨论重点。我想了想，觉得以下两点是普通人最值得注意的：

1. 用人所长，并且对人才的标准要有点弹性空间

（1）用人所长。

每个人的能力都有长板和短板，一定要用人所长。作为领导者，我们往往会觉得自己在各方面都超过下属和团队成员，这是人的惯性心理。实际上，这很可能只是一种错觉，我们一定要学会用好他人的长处。另一方面，则要注意避开自己及他人的短板。比如，有的人就是比较适合去做产品生产，你非要安排他做联络客户的工作，他可能会很痛苦。要相信，大部分人都还是有自己的优点的，只要他能在你的团队里出现，一般来说不可能各方面都完全不行，如果是那样的话，那只能说明你们在最开始选人的时候出现了重大失误。

作为团队领导者，一定要带着开放积极的心态去看待每个人。这里要

再提到一组概念：绝对优势和相对优势。假设你个人能力确实很强，各方面能力都超过团队成员，这只能说明你的能力有绝对优势。但是，你仍然需要信赖团队，把工作分配给做这件事情有相对优势的成员。

举个最简单的例子，虽然你写文章水平一流，但一些文章，你应该让团队成员去写，因为你的时间要拿来做更重要的事情。由团队成员去做这件事，比你去做更有优势。

（2）使用人才，要有点弹性空间。

一个人不可能十全十美，你的下属可能脾气暴躁，甚至可能存在一些缺陷。但只要一个人不做严重违背公司或团队核心价值观的事情，那么，他的某些缺陷你应该能够容忍的。当年曹操为了挖掘人才，写了一篇著名的《求贤令》，里面这样说道：若必廉士而后可用，则齐桓其何以霸世！今天下得无有被褐怀玉而钓于渭滨者乎？又得无有盗嫂受金而未遇无知者乎？意思是：假如非要是廉洁的人才能任用，那么齐桓公何以称霸于世？当今天下，有没有像姜太公那样身穿粗衣怀有真才，却在渭水之滨钓鱼的人呢？又有没有像陈平那样，被指责与嫂嫂通奸、接受钱财贿赂而没有遇到魏无知推荐的人呢？

当时刘邦还是汉王，陈平来投奔他，获得了工作安排。但有些人向刘邦反映，说陈平在家的时候和嫂嫂通奸（很可能是子虚乌有），在军队的时候又拿将领的钱（这点陈平承认）。这时候，刘邦把推荐陈平的魏无知找过来，责问他。魏无知这样回答：我推荐的是才能，你问的是品行。如果现在有人品行高尚，但是对战争胜负没有帮助，你用这样的人吗？刘邦又把陈平喊来。陈平倒是很坦荡，他说：我空身而来，不拿钱就没有办事的费用……然后陈平说了这么一句：如果我陈平的计谋确实有值得采纳的，希望大王采纳；如果没有值得采纳的，钱还在，你让我封好送官府吧，我也请辞回去。

听完陈平的话，刘邦向陈平表达了真挚的歉意，给了陈平丰厚的赏赐，又给他任命了新官职。

我们在这里拿陈平举例并不代表认同陈平所做。事实上，受贿在今天肯定是犯法的，在团队中我们肯定不能允许这种行为存在。我们应该学习的是刘邦和曹操用人唯才的精神。刘邦和曹操之所以能够在乱世之中获得大量人才的支持，"唯才是举"的政策起到了非常重要的作用。一个人哪怕有各种各样的缺陷，只要不违背公司的核心理念、不违法，就不妨碍我们使用这样的人才。

2. 理解人的欲望，并且真诚地善待团队成员

发现人才、激励人才还需要做好一件事情，那就是理解人的欲望，并且真诚地善待团队成员。人有七情六欲，一个人在你的团队之中工作，他可能想获得丰盛的金钱回报，可能想实现自己的价值，可能想证明给大领导看（甚至有点抢功的倾向）。我们要充分理解人的欲望，只要这些欲望不是特别过分；同样，要有容人之心，并且要给予团队成员合理的回报。

在这方面，刘邦也有一个非常著名的故事：封韩信为齐王。当时，韩信平定了原来的齐国地区，随后向刘邦上书，请求给自己封个"假王"（代理齐王），说这样对统治齐国地区比较有利。刘邦收到信的时候，正被项羽紧紧围困，形势危急，估计气不打一处来，破口大骂，说我本来还等着你过来赶紧解救身处危急之中的我，你竟然在那儿想着封王的事！

这个时候，张良、陈平的作用就发挥出来了。据记载，当时张良、陈平暗中踩刘邦的脚，然后对刘邦耳语：我们现在情况不利，怎么能阻止韩信称王呢？不如趁着这个机会封他为王，善待他，否则可能生变。要说刘邦真的是反应快，马上接着又破口大骂，但这次骂的就完全不一样了：大丈夫怎么能封个假王呢？！要封就封个真王嘛！于是，刘邦就派张良去封

韩信为真正的齐王，然后呢，就征调韩信的军队去打项羽的军队了……

结局是韩信得了齐王的称号，而刘邦则得了天下。

刘邦之所以能做出如此决策，除了他自己机智外，最重要的原因就在于：他多年摸爬滚打真的是"吃透"了人的欲望。他能够充分地站在对方的角度去理解对方欲望的合理性。刘邦的领导水平确实很高。

而今天，管理者应该更真诚地对待团队成员。你是不是发自内心地善待他们，其实他们心里很清楚。这个时代有无数的机会，如果你只是假意善待团队成员，他们完全没有必要配合你工作。

此外，我还想再补充一点：善待下属指的是为他们的成长负责。下属可以批评，而且有时候必须批评，否则过于善良、宽容，其实是害了他们。

当然，好的领导还有一个特点：我的人我可以说，但绝对不允许别人"欺负"。我见过很多这样的领导，他们甚至有一些"护犊子"的倾向。你不妨想想，他们为什么会有这样的特点？

3. 好领导的另一个特质：承担责任

我们说过，领导要做的事情简单来讲一是带团队，二是带业务。所以，讲完了关于发现人才激励人才的一些方法后，我还想简要地补充一下好领导的另一个特质：承担责任。当你仰望领导的时候，你可能觉得，领导好威风啊，好爽啊，有好多权力啊。但当你真正成熟之后，你会发现，领导也意味着肩负很重的责任。

这个责任指的既有胜利的责任，也有失败的责任。一方面，领导要承担挑大梁的责任，另一方面也要有挽危局的责任。你去看篮球比赛、足球比赛就会发现，比赛最后的"关键先生"总是由乔丹、科比、詹姆斯、齐达内、C罗、梅西这样的人来担任。这种决定胜负的关键时刻，是他们的领导力最为彰显的时刻。去看科比的很多比赛，你会发现，科比在最后时刻总是自己去投关键球，而且投得非常坚决，哪怕整场比赛命中率不高，他也要去投。在我看来，这不仅仅是"坚决"，而是他知道，这个时刻其实团队成员都期待他能挽救危局。

成功的责任，失败的责任，他们都会去承担。他们不仅享受成功，也坦然面对失败，再去思考失败，从失败中卷土重来，让失败真正地成为成功之母，这才是真正的领导者应该具备的能力。而这项能力，项羽可能到死都没有学会。

李清照曾经有一首著名的小诗：**生当作人杰，死亦为鬼雄。至今思项羽，不肯过江东**。说的是项羽败于刘邦之手，逃到乌江，自刎而亡的故事。李清照身处南宋，家国飘零，写这首诗有其所指。但纯粹从评价项羽的选择而言，我更欣赏的是另一首来自杜牧的诗《题乌江亭》：胜败兵家事不期，包羞忍耻是男儿。江东子弟多才俊，卷土重来未可知。

胜败乃兵家常事，很多时候，如何面对失败，才更能看出你是不是一个合格的领导。公元前 200 年，汉高祖刘邦与匈奴作战，被围困于白登山，用陈平计，方得以脱险，史称"白登之围"。其后，刘邦放弃以武力手段与匈奴对抗，汉朝在相当长的时间里都通过"和亲"这种看来很屈辱的方式与匈奴交好，以维护边境安宁。

直到汉武帝时期，公元前 119 年，汉武帝刘彻命卫青、霍去病率兵出击匈奴。霍去病北进两千多里，一直打到贝加尔湖，自此"匈奴远遁，而漠南无王庭"。其间，霍去病在狼居胥山举行了祭天封礼，表明汉军获胜的决心。后来，这一行为成为中原王朝武将的至高荣誉之一。史称"封狼居胥"。

此时，距刘邦的那次失败已历 81 年。

真正的领导者，不争一城一地之得失，不在意一时的成功失败，他们看到的永远是全局。

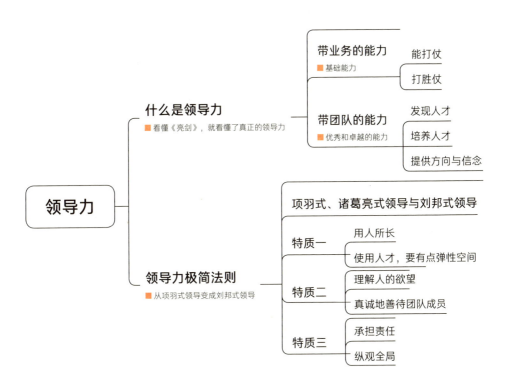

领导力

什么是领导力
■ 看懂《亮剑》，就看懂了真正的领导力

带业务的能力
■ 基础能力

能打仗

打胜仗

带团队的能力
■ 优秀和卓越的能力

发现人才

培养人才

提供方向与信念

领导力极简法则
■ 从项羽式领导变成刘邦式领导

项羽式、诸葛亮式领导与刘邦式领导

特质一

用人所长

使用人才，要有点弹性空间

特质二

理解人的欲望

真诚地善待团队成员

特质三

承担责任

纵观全局

第十二章

高效写作：
写作是每个人都可以拥
有的看家本领

职场写作等实用性的写作是一切写
作的基础，也是大多数人的必备
知识。

写作非常重要。但之前很多讲写作的文章或课程，往往将写作、"作家"和"写自媒体"挂钩，好像一说到写作，除了写文学作品和公众号之类的，就没有别的。

实则不然，对每个人的成长而言，更重要的写作类型应该是职场写作。职场写作等实用性的写作是一切写作的基础，也是大多数人的必备知识。所以，虽然它看起来不像"如何写出一篇百万点击量的爆文"那样有吸引力，但是我们的学习还是需要从这里开始。

1/ 搭结构——怎样让写的东西"立得住"？

写作的本质，是把人类的网状思维用树状的结构梳理，最后用线性的文字表达出来。 ■

1. 一篇合格职场应用文的四个方面

我们先学习写作的几个通用原则，这看起来有点抽象，但它对于很多写作场景的应用有着重要的指导意义。也就是说：在大量的职场写作场景中，你都需要遵循这些通用原则。所以我们需要先耐心地掌握它。

将一篇职场文章拆解开来，关键点主要包括四个方面：论点、论据、结构、语言。

第一是论点。如果把文章比作一个人，论点就是灵魂。在这里，我们其实是把论点当作一个比较宽泛的概念来使用，把事实、道理、需求统称为你要阐述的论点或者观点。一篇文章如果没有扎实的论点，那就是没有灵魂、言之无物。

第二是结构。这是文章的骨架。

第三是论据。这是文章的血液，是灵魂的支撑。任何一个论点要站住脚，都离不开论据的支撑。当然，有时候论据也是分论点。从它的形式来看，它往往表现为数据和案例。

第四是语言。这是文章的脸面。

2. 从线性到树状再到网状

什么是写作的本质？有这样一句话经常被引用：写作的本质，是把人类的网状思维用树状的结构梳理，最后用线性的文字表达出来。很多人读完这句话后，都会有这样的体验：写作确实是一个很复杂的过程，有这么多思维方式的转变。没错，不过，如果只是到此为止，那么对于我们的写作方法似乎并没有太大的启发。实际上，从这句话中，我们可以得出一个非常重要的信息。要理解它，我们要先把这句话倒过来看。

我们先来看什么是**网状、树状、线性**。网状很好理解，我们脑子里冒出一个念头的时候，往往会联想到下一个念头或者跳到不同的场景中，思维像蜘蛛网一样是千头万绪的。这是我们大部分人天然的一种思维习惯。树状这个词也很形象。公司的组织结构图就接近于树状，有过基础逻辑训练的人会用这种形式来认识事物。而文章的最终呈现形式则是线性的，从第一个字到最后一个字，像一条直线一样不可逆，不分叉。

一句话，我们需要用线性的文字让读者把握树状的逻辑，并且进一步去触动网状的思维，这样写出的文章才是真正合格的文章。首先，你必须通过树状的结构来让读者把握文章的逻辑。其次，文章中必须有让人留下深刻印象的点，让读者进一步在脑海里的那张网上嵌入一个个突出的节点。而有冲击力的数据、案例可以成为那些点，这是结构和数据案例具有重要价值的根本原因。

深刻地认识到它们的价值之后，我们分别来介绍职场写作中组织文章结构和使用数据案例的基本方法。

我们先讲组织文章结构的原则：和诗歌、小说等虚构写作相比，一篇实用文章的结构本身往往并不复杂。我们经常使用的无非就是总分结构、总分总结构、并列结构等几种常用的结构。

搭建文章结构，关键还是要掌握几个通用的原则和方法，不管你是写邮件、周报，进行会议发言，还是写自我介绍、工作总结等，都会用到。

3. 金字塔原理

金字塔原理，也叫金字塔原则。这是一个非常重要的底层原则，而且理解起来不难，用途也很广泛。之前的文章中我讲过这个原则，现在来回顾一下：

（1）金字塔原理是什么？

冯唐曾经用不到 100 个字概括金字塔原理："用一句话说，金字塔原理就是，任何事情都可以归纳出一个中心论点，而此中心论点可由三至七个论据支持，这些一级论据本身也可以是个论点，被二级的三至七个论据支持，如此延伸，状如金字塔。"

读完这些话，你有没有发现，其实，金字塔原理之所以有效，本质上也正是因为我们的思维是树状结构的，它很符合人类的思维习惯。从这个角度来看，我们也就更能理解金字塔原理的重要价值。

（2）应用金字塔原理需要注意什么？

在写作实战中，应该怎样用金字塔原理搭结构呢？可以尝试按下面这样的步骤来操作：

第一步，列出核心论点和支撑它的多个论据，注意论据需要属于同一个逻辑层面。

第二步，核查论据，注意要做到"不重复、不遗漏"。遗漏会给工作带来疏漏；而重复不仅仅会造成无用功，同样可能会带来错误。

第三步，在具体写作中做到"重点前置"。这也是我要强调的一点。一方面指的是在全文中应该重点前置，另一方面，每段中的行文也应该重点前置。文章尽量在开头一两段写出关键性的、总体性的信息，然后再依次展开论述。在每一段里面，最好第一句也是主题句。

下面我们通过案例来更直观地了解金字塔原理的应用。

假设你是你们公司官方新媒体平台的运营编辑，负责包括微信、微博、抖音、头条等平台官方账号的整体运营，现在你要写一份年度工作总结。通过前期的材料梳理分析，你得出了一个论点：今年公司新媒体平台运营效果良好，发展迅速。于是，第一步，可以先这样列出论点和论据，为了便于理解，我们都用最简单的话来表述：

论点——今年公司新媒体平台运营效果良好。

论据一——"粉丝"增长快。

论据二——文章阅读量高。

论据三——发布次数多。

论据四——内容质量优。

然后，我们再继续围绕每个分论点罗列它的论据。如果有一条信息是"微信平台'粉丝'增长迅猛"，那就不能作为主论点的论据。因为它是第一个论据"'粉丝'增长快"中的一部分，应该作为论据一（也就是分论点一）的下一级论据。

接下来，第二步，我们对这些论据进行核查，确保不重复，不遗漏。这里，假设你们公司的新媒体账号以前并没有收入，而今年可以通过微信平台的广告分成获得一定收益，那么，你还可以补充第五条论据——广告收益从无到有。这里有一个小技巧，如果我们发现有些内容不太好归纳分类，但是又必须写出来，或者我们担心还有内容被遗漏，应该怎么办呢？我们可以单独列出"其他"这样一个种类，来概括这些内容。

接下来，第三步，我们开始把这些论点和论据写进文章里，这时候我们要注意重点前置：

例如，我们可以在这份工作总结的开头，概括性地写明这些重点信息。"过去一年，公司新媒体平台运营效果良好。各平台'粉丝'总数同比增长100%；总阅读量同比增长 150%；总体发布次数多达 800 次；公司内部认可的优质原创文章多达 100 篇；广告收益从无到有。"接下来，你可以再分别围绕每一部分的成绩展开论述。在每个部分的开头同样可以先用一句话概括这一部分的总体情况。

之所以要特别强调重点前置，是因为我发现，这是一个最基础也是最重要的方法，但是有很多人在实际写作中却不去应用它。很多人写文章的时候喜欢娓娓道来，但实际上，职场写作既不是文学写作，也不同于文案写作和新媒体写作，用散文式的、悬念式的写法并不适合它。我们自认为是在娓娓道来，读的人很可能会认为这是"又臭又长"的流水账。

我们接着讲搭结构的第二个原则，这同样是一个提醒我们要突出重点的原则。

4. 二八原则

（1）什么是二八原则？

意大利经济学家帕累托提出过二八原则：在任何一组东西中，最重要的只占其中一小部分，约 20%；其余 80% 尽管是多数，却是次要的。写文章同样如此，你需要重点突出 20% 的关键内容，剩下 80% 的内容简要提到就好了。

（2）应用二八原则时需要注意什么？

在实际写作过程中应用二八原则，我们可以按以下的步骤进行操作：第一步，筛选重点；第二步，把握重点内容和一般内容的篇幅；第三步，写作中根据实际要求再次进行增删。

第一步，筛选重点。该突出的要坚决突出，该略过的就略过。其实，这个筛选过程也是一种思维训练。在任何情况下，我们都要去判断什么事情、什么内容是更重要的。举个简单的例子，假设你现在要写一份年度工作总结。去年你一共完成了15个项目，其实或多或少都有亮点，但是在阐述项目案例的时候，一定要注意，只选择3个左右的项目重点讲就够了。

第二步，把握重点内容和一般内容的篇幅。我们要注意，一方面，20%和80%这个数据是相对的。在不同的具体情况下，用70%或者90%的精力去讲主要内容也是可以的。但另一方面，没有重点地泛泛而谈和只讲重点不讲一般内容，这两种做法都是错误的。在上面这个例子中，我们可以在工作总结中重点讲4个或者2个项目。但如果展开讲七八个案例，那就会让整个汇报没有重点，而如果只讲典型案例而对其他项目只字不提，同样是错误的。

第三步，写作中根据实际要求再次进行增删。在实际工作中，什么是重点，什么不是重点，这也是相对的。同一个主题内容，写一篇1000字的演讲稿和写一篇5000字的汇报材料，所选择的重点肯定不同。5000字材料中的一个重点论据，在1000字演讲稿里面可能只需要一句话即可带过。所以，写作需要你根据实际情况不断去思考和调整。

2/ 找论据——让文章马上"活起来"

职场写作有一个很重要的
特点，它是一种应用写作、效
率写作，是追求高效地传递信
息的写作。 ■

前面我们学习了怎样搭建清晰的结构，这里我们来关注论据这个主题。

职场写作有一个很重要的特点：它是一种应用写作、效率写作，追求
高效地传递信息的写作。我们进行职场交流，希望的是让领导、同事、客
户在最短的时间内抓住关键有效的信息，这和希望让你消耗时间去阅读甚
至沉浸在其中的文学写作是截然不同的。这也是有些觉得自己"文笔其实
还不错"的朋友在职场写作中做得不够好的一个原因。

这里我介绍一下使用论据的几个原则：

1. 鹰眼原则

使用数据案例的第一个原则，可以称之为鹰眼原则，或者称点面结合
原则。也就是说，我们在文章中既要重点使用一些典型的单项数据、精彩
个案、细节信息，又要描述全面的、宏观的、整体的情况。雄鹰在天空环
视四方，既能够看见广阔的山河脉络，又可以看见猎物奔跑的细节；既能看

到广大的面，也能看到关键的点。有点无面，等于盲人摸象。有面无点，同样不行，这样的文章会非常枯燥，无法生动形象地讲明道理。

那么，在写作实战中，我们应该怎么做呢？

其实，很多优秀的新闻报道在"点面结合"方面都做得很好，值得我们学习。我们每天都会阅读各种新闻，这些新闻可以说是我们学习最方便和有效的资料来源。大家可以去看看获得中国新闻奖一等奖的那些作品。为了让大家更直观地掌握点面结合原则，下面我们将一篇新闻报道作为案例进行拆解。

2018 年的中国新闻奖一等奖获奖报道里，有这样一篇文章，标题叫作《穿越四十年对话高考》。新闻开头先是几句片花，然后是几句旁白。

片花是这样的：

我是 1977 年恢复高考的首批考生。

我是 2017 年即将参加高考的高三学生。

我问他：孩子，马上你要进入高考考场了，你紧张吗？

我问她：当年您收到高考录取通知书的时候是什么心情？

旁白的第一段是这样的：

四十年前的 1977 年，中断 11 年的高考恢复了，共 570 万人走进考场参加高考。虽然当年的录取率不到 5%，但是通过上大学改变命运的希望之光点燃了无数人的心头渴望。

我们可以发现，这些数据案例里既有非常细节的点：1977 年和 2017 年的两位考生；又有十分宏观的面：中断 11 年，570 万人，录取率不到 5%，跨越四十年。

文章由精彩的"点"到宏观的"面"，让人从简短的文字里面，仿佛看到了四十年来千千万万高考生的人生经历。日常多去揣摩和学习类似的案例，我们在点面结合方面的能力肯定会得到提升。

2. 奥卡姆剃刀法则

用在写作上，可以叫作"简要原则"。

一是尽可能简洁。 要经常提醒自己：同样的意思用更短的话写出来才是好文章。每个人的时间是有限的，简明扼要地讲清事情才是对领导、同事、客户最大的尊重。认为自己有文采的朋友，尤其需要多关注这一点。

二是关注数据案例的典型性。 简洁的要求是要有典型性。要足够典型就至少要满足两个要求：一是足够普遍，能够代表大多数；二是足够重要。

我们不妨回头去看看前面提到的《穿越四十年对话高考》那个案例，它是不是也非常符合简要原则？你可以想想，其中选取的 2 个考生案例和关于高考的几组数据，是不是足够普遍，足够重要？

很多时候，我们可以很直白地使用数据和案例。例如，你可以直接列举关于一项信息的总数或者百分数。但是，在很多场景下，如果能结合一些方法和技巧来使用，数据和案例会更加鲜活。接下来我们将介绍一种方法：对比法。掌握这种方法，能够帮助你更高效地通过数据案例向领导、同事和客户传递信息。

3. 对比法

我们重点讲数据的对比。

一是纵向对比。纵向对比适用于对比同一个对象在不同时间的表现，很常用。我们在展现个人工作成果、部门业绩、公司发展情况的时候，都可以使用纵向对比的方法。一般我们经常采用两种纵向对比法，分别是同比和环比。在实际工作中，同比一般是拿今年和去年同期的数据相比；环比一般是拿这个月和上个月的数据相比。如果同比和环比都不适用，其实我们还可以采用另一种方法：将今天的实际情况与过去的计划或者预期进行对比。

如果说纵向对比更多的是在点和点之间进行的话，横向对比则不仅可以用于点和点的对比，还可以用于点与面的对比。点和点的对比很好理解，例如："栩先生的写作课好评率比许小姐的写作课好评率要高 10%。"在这句话里，两门课的好评率就是点与点对比。

那么在实战中，我们怎么使用点和面的横向对比来获得更好的写作效果呢？

我们可以用以下几种方式将点和面进行横向对比。假设你是一名销售人员，需要在简历或者自我介绍里展现你的专业能力，你可以用这样几种比较方法：

（1）将个体信息和整体对比，例如，销售业绩超过 90% 的同事。

（2）将个体信息和整体的基准值对比，例如，销售业绩超出平均业绩3 倍。

（3）将个体信息和整体的一部分对比，例如，销售业绩超过第二名到第十名的总和。

至于具体采用哪种方式，那就要看在有参考价值的前提下，哪种对比方法能更好地佐证你的观点了。通过点和面的对比，可以让他人更清楚你的价值，更认可你的专业能力。

在进行纵向对比和横向对比的时候，还有一个值得一提的技巧就是善用图表。从人的思维和记忆习惯的层面来说，记忆很多时候是"图像式记忆"。图片、表格所拥有的冲击力是远远超过纯文字的，所以，我们要善用图表来承载对比的内容。经常使用 PPT 的朋友，应该对常见的图表不陌生，例如：

用折线图，可以进行纵向对比；

用饼状图，可以进行横向对比；

用柱状图，可以在纵向的时间线上同时展现不同方面的横向对比情况；
……

这里我想强调的是，在文字写作中，我们同样可以有意识地多用图表、善用图表。当然，插入表格，插入照片也是可以的。没有人规定一篇文章里面只能有文字。我们需要在不同场景中进行写作实践，这样，我们才能更深入地掌握职场写作的原则和方法。

3/ 提 观 点——四 种 办 法，挖 出 清 晰 有 力 的 观 点

"汝果欲学诗，工夫在
诗外。"

——陆游《示子遹》■

前面我们讲了如何搭建文章结构，如何运用好数据案例。但是，很多人还面临着另一个困惑：我写东西，就是不知道该说什么，没有观点，怎么办？

陆游80多岁的时候，曾经专门写过一首诗，讲述自己一辈子写诗的经验："汝果欲学诗，工夫在诗外。"意思是，你如果真的要学习写诗，那我告诉你吧，真正的功夫是在诗的词句之外的。如果真的要写好文章，那么功夫也在文章的词句之外，要先去发现和挖掘好的观点。因此，我们首先要关注一个问题：文章观点从哪里来？

没有调查就没有发言权。好观点是从调查研究中得来的。实用写作中的好观点同样也是从调查研究中得来的。

怎么做调查研究？如果你刚刚接到任务，要在一周内，就某个主题写一份汇报材料，做一份市场竞争分析报告，或者做个可行性项目研究，你不可能提前把方方面面的情况都了解得很清楚。那么这个时候我们应该怎

么做呢？这就要求我们，要在短时间内高效地去查找资料，通过对资料的调查研究，快速形成观点。那么，我们的问题就变成了：怎么通过对材料的分析得出对写文章有价值的结论？下面我通过四个部分，来分享我自己认为比较有价值的实操方法。

1. "素材库"法

打仗要有武器库，写文章也要建立素材库。这是一种非常基础的方法，偏重于材料的使用。后面三种方法都可以以它为基础。

据说，唐代诗人李贺写诗的时候，经常带着一个小书童，让书童背着一个锦囊，就出门了。在外面触景生情想到了诗句，他就赶紧写几句，然后放在锦囊里面。等回家之后，李贺就马上把这些句子整理成篇，投放到另一个锦囊里面。李贺 27 岁就英年早逝，但是留下了大量珍贵的作品。应该说，他使用锦囊的这种方法，对于记录下稍纵即逝的灵感是很有帮助的。今天，我们有了大量的互联网工具，在建立素材库方面，是有条件做得很好的。大体来说，我们可以通过素材库收集两种素材。

第一种，比较零散的素材。人的灵感转瞬即逝，当我们平时有好想法或者写文章前查到有价值的内容的时候，都应该像李贺一样，第一时间把它记录下来，否则以后它很可能就不属于你了。第二种，是比较系统的素材。我们针对某个写作主题或者一些特定的资料，也可以建立专门的素材库。第一步，我们可以随身带一个本子或者使用互联网工具，存下有价值的资料。互联网工具可以在手机、电脑等多个终端同步。如果是文字和图表资料，可以使用印象笔记、有道云笔记、幕布、石墨文档等工具存储。第二步，进行素材分类。根据实际需要分类就行。

在建立素材库的基础上，我们可以使用更多方法来对材料进行进一步分析。

2. 归纳法

这个方法很常用，也比较好理解，因此我简要介绍一下。归纳和演绎是逻辑推理的两种很基础的方式。归纳是从个别信息到一般结论的推论方法。演绎是从一般的原则推论出个别的、特定的结果。在分析材料的这个阶段，归纳法被使用得比较多。我们需要从不同方面的材料，归纳出一般性的观点或结论。

举例来说，假设我们要写一份公司年度工作总结，我们在其中预设一个问题：去年公司业绩发展情况怎样？通过梳理各部门的资料，我们发现：公司整体营收比去年增长一倍；技术部门今年获得了 50 项发明专利，数量大大增加；产品部门推出了 20 种新产品，都获得了比较高的用户评价……

那么我们就可以把各个部门的关键成果进行归纳：今年公司整体业绩优秀，发展势头迅猛。如果我们再去看过去的材料，发现公司过去两年也保持这样的发展速度，就可以进一步归纳出：公司过去 3 年来，持续保持迅猛的发展势头。这就是归纳的方法。这里我强调一下，归纳材料、动笔写作时，一定要有"问题意识"。没有"问题意识"的话，最终你写出的内容可能就会沦为一份没有观点的材料汇编，而不是一篇有价值的文章了。

3. 对比法

对比法我们之前讲过，这里重点讲值得关注的三类情况：

（1）关键数据纵向的高低变化。

（2）关键内容纵向的有无变化。

（3）关键数据和内容横向的不同之处。

首先是高低变化。大到公司的整体业务数据，小到个人的工作成果，高低变化都是非常重要的资料。我们通过对比很容易能提炼出一些观点。

其次是有无变化。一项内容从无到有，一般都表明这件事情很受关注，或者是一项创新点。而一项内容从有到无同样值得关注。一般来说，它要么表示这件事情已经顺利完成了，或者一个阶段已经结束了，要么表示这件事情的重要性降低了，或者推不动，做得不好。

这里我给大家留一道思考题：最近两三年，你所在单位的组织架构有没有大的调整呢？哪些部门从无到有，哪些部门又从有到无，被合并或者被裁撤了呢？通过对比，你能得出什么观点和看法吗？我相信，你仔细思考后，很可能会对你所在单位的现状有进一步的认识。

横向对比。关于数据对比的情况，我们在纵向对比中已经介绍过了。下面重点讲怎样对"内容的不同"进行对比，我们通过案例这种直观的方式来看看这种方法对提炼观点有怎样的帮助。

案例详解：

不知道你有没有留意过，百度、阿里、腾讯三家公司，它们关于"互联网"这个概念的核心表述并不相同。现在，假设咱们就是其中一家公司的工作人员，要给客户一个提案，希望客户选用我们的产品。这种情况下，我们可以对各家公司的资料进行横向对比，先了解自己公司的优势劣势，然后再考虑怎么写提案。

第一步，关注差异。经过梳理材料，我们发现百度强调 AI 时代（也就是人工智能时代），阿里强调 DT 时代（也就是数据技术时代），腾讯强调互联网。这样的话我们可以推测它们分别在人工智能技术、大数据、互联网服务方面重点发力。

第二步，分析原因，提炼观点。顺着第一步，我们继续问一个问题：为什么它们能把这些方向发展成重点呢？我们继续查阅资料，就能够做出一些推测：

搜索是百度起家的重要业务，这个业务对于训练机器算法非常有价值。

著名的围棋机器人 AlphaGo 就是谷歌旗下公司所开发的。多年来百度的算法技术越来越强大，也渐渐地开始大力宣传 AI。

而阿里通过电商平台积累了很多有价值的消费数据，而且它一直把中小企业作为重要的服务对象。所以它很早就成立了阿里云，给中小企业提供云计算、大数据这些服务。以前这些服务被称作 IT 服务（IT 就是信息技术）。阿里提出和 IT 完全不同的一个新概念 DT（数据技术），一方面是因为它在云计算、大数据方面已经有了很多积累，另一方面这对需要大数据服务的客户也有吸引力。

而腾讯和阿里不同，它以前服务的对象更多是普通消费者。腾讯可能并不需要一些大的战略或者概念去说服他们。而且，微信在移动互联网占尽风头，继续做移动互联网就挺好。

第三步，基于客观观点和客户需求有侧重地撰写提案。经过横向对比分析后，我们找到了不同公司的特点和优势所在。给客户做提案，就可以根据客户的需求重点展现自己的优势。

4. 关键词法

分析一份或多份材料中关键词出现的频率、语境，也往往可以帮助我们发现一些关键的概念和信息。关键词法有两个值得关注的特点：

第一，关键词法的应用场景。它比较适合用来分析政府文件、公司领导讲话等材料。这些材料可能本身就蕴含着撰写者的观点。

第二，没有出现的关键词同样值得关注。它也可以反映出非常重要的信息。

简单举两个例子。

案例 1

关于如何分析没出现的关键词。有这样一份案例：2019 年 1 月，张小龙发表了一次长篇演讲，在互联网圈引起了广泛关注。有人对这份演讲进行了关键词分析，写成了一篇有意思的文章，标题就叫作《张小龙的四小时演讲没有用哪些词？》，角度让人耳目一新。

案例 2

2018 年《政府工作报告》发布后，人民网发表了一篇文章。文章写道："在今年的政府工作报告中，'改革'一词出现了 97 次，是历年工作报告中最多的一次。"作者写作前肯定做了这三部分的工作：

第一，文章选定了关键词"改革"进行分析。

第二，文章对这一关键词出现的次数进行了统计，发现它出现了97 次。

第三，文章结合纵向对比的方法，发现这一关键词出现的次数是历年工作报告里最多的一次。

作者最后将这些内容写成文章，标题就叫作《政府工作报告中 97 次提"改革"让责任沉甸甸》。我们由此可以看到，使用关键词法，可以帮我们很直观地挖掘出观点，而有了数据的支撑，这个观点也就很容易被阅读者理解了。

4/ 写金句——从心理学出发，找到金句产出最本质的规律

大部分金句都来自诗词曲赋。

■

写作除了得有观点、结构和数据案例之外，还需要有文采。如果拿一个点来深入讲解，这个点就是金句。一方面，金句对文章很重要，它往往是一篇文章的亮点甚至点睛之笔；另一方面，金句对写作者也很重要，它是展现写作能力的重要方式。

*

金句"套路"从哪里来？

我们首先需要建立一个基础认知：写金句是可以有"套路"或技巧的，它是有章可循的。

我们经常读到一些诗人、作家的金句。我们可能会认为他们靠的是积累、聪明和灵感，但实际上，写一个金句和写一篇文章一样，既要靠内功，

也要靠"招式"和"套路"。内功来自你平时不断的积累。而"招式""套路"能帮助你更快速、高效地将内功发挥出来。更强的内功和更多的"招式"能让你涌现出更多的灵感。

金句的"套路"让人感兴趣，但我更感兴趣的是：金句"套路"到底是从哪里来的？

我的思考始于我的大学专业。我当时有一个很直观的感觉——文言文的名言警句有很多；现当代的小说散文里，金句虽然同样不少，但从比例上来看，似乎还是要少很多。

经过一段时间的集中思考，我逐渐得出一个看法，我将它提炼成一句话：大部分金句"套路"都来自诗文曲赋。文言文里名言警句多，是因为**大部分金句的形式在古诗词、古文中都有非常充分的体现**。认识到这个后，我是兴奋的，不仅能让我们将金句的多种"套路"进行集中提炼，而且有比较强的实用指导价值。

我们先来看看大部分金句"套路"在诗文曲赋中存在的原因。

古文在形式上需要很简练的表达，而古诗词更是有着非常严格的格式要求。形式对内容是有很强的塑造作用的（注意：这些古诗文的形式原本就是希望让文章诗词更好地"经典化"——被记忆、被流传），所以，它们在形式上就会不断探索如何更好地抓住人的记忆点，这对金句的产生是很有帮助的。

但是，今天的白话文是没有这样严格的形式要求的。所以，当我们学习金句时，可能需要更多地去向"经典化"的诗文曲赋学习。

*

大多数金句的本质是满足人的"掌控感"。

想清楚"大部分金句'套路'都来自诗词曲赋"这个特点，是我思考的第一步。随后，我进一步思考起一个更深层次的问题：为什么某些"套路"能这么管用？它本质的原因在哪里？

我相信，**既然写作是一种人与人的沟通，那么，思考写作问题的本质当然可以将人类共同的心理作为起点。**

从心理学角度分析金句的本质，这件事可能还没什么人干过。我自己并非心理学专业出身，但这些并不妨碍用直观的、已被广泛接受的心理学知识来展开对金句本质的分析。

在个体心理学之父阿德勒的代表作《自卑与超越》中，"自卑情结"与"优越感"是两个最重要的关键词。**在阿德勒看来，人类的行为都是出于自卑感以及对于自卑感的克服和超越。**或许可以说，不断追求优越感是每个人内心最强的动力。

优越感包括两种力量：支配力和掌控力。我们每个人无时无刻不在追求对自己人生的掌控感。这个道理应该不用展开讲。简单举例来说，很多人追求自律、追求自由，并且信奉"没有自律，哪儿有自由"，其实，自律的行为和自由的状态不都是对自己生命的一种掌控感？

而在我看来，满足读者的"掌控感"也正是大多数金句之所以能引起关注、打动人心的本质原因。

好作品的种类，金句的种类当然都很多元。比如说，人们会喜欢《尤利西斯》这种谜一样的作品，也会喜欢各种样式的金句。但从指导快速写作的角度来看，咱们把握住"掌控感"这一点应该最有效。

那么，一个句子如何满足人们的"掌控感"？

我的观点是：从形式上来说——提供规律性；从内容上来说——提供确定性。

*

形式上的套路：结构、音韵、数字。

从形式上来看，特定的结构、优美的音韵都能给句子带来"规律性"；同时，恰当地使用数字，也是更快写出金句的有用套路。

1. 结构

（1）对仗

对仗是诗词写作、对联写作中的基础要求。这种固定的形式对于产出经典内容很有帮助。今天我们在写作中，如果能比较好地使用一些对仗句，对文章的文采会有直接加分。根据我们被传统诗词培养出的阅读习惯，每句 4~7 个字的对仗句更容易让人有熟悉之感，例如，《舌尖上的中国》宣传语："自然经手，文化过喉；舌品天下，胃知乡愁"，就是不错的 4 字对仗句。当然，"对仗"本身对于音韵、字词搭配是有着严格要求的，我们写的句子则不必那么严格地遵循。

从应用场景来看，对仗更适合用在公开演讲、公司工作总结等较为严肃的、官方的场合中，新闻写作和自媒体写作也可以使用。但在自我介绍、个人简历、沟通邮件等个人色彩较浓的文章中要慎用对仗手法，避免给人"掉书袋"的感觉。

不妨来看两个例子：比如你要写公司下半年的工作规划，想表达时间紧迫，可以引用陶渊明的"盛年不重来，一日难再晨"。又如你想写活动发言稿，表达嘉宾云集，可以直接用《兰亭序》里的"群贤毕至，少长咸集"。

使用对仗句需要特别注意一点：现代人对这种句式的驾驭能力和古人远不能比。如果写不好，可以化用古代的名句；如果化用也写不好，就宁可不写。

（2）重复

更多时候，文章中的句子甚至不需要对仗，只需句式上比较对称，部分内容重复，就能衍生出好几种常见的金句结构。我将这种"套路"称为：对称句式下的部分重复。

中国人写文章时的回文、顶真、并列、排比均属此类，曾有《如何快速写出一个金句？》一文，介绍了 ABAC、ABBA、ABBC、混合型这几种类型的金句，也指出这都是"熟悉＋变化"的模式，点出了"重复"的价值。

只要能把握"部分重复"这一关键，具体的句式其实可以根据实际情况安排。《老子》一书中有很多经典的案例，如：

天地不仁，以万物为刍狗；圣人不仁，以百姓为刍狗——并列；

五色令人目盲，五音令人耳聋，五味令人口爽——排比；

知者不言，言者不知——回文；

道生一，一生二，二生三，三生万物——顶真。

现代汉语中这些样式的金句同样层出不穷，我简单举几个例子以供参考：

当我谈跑步时，我谈些什么（村上春树书名）——并列；

我行过许多地方的桥，看过许多次数的云，喝过许多种类的酒，却只爱过一个正当最好年龄的人（沈从文《湘行散记》）——排比；

没有天哪有地，没有地哪有家，没有家哪有你，没有你哪有我（《酒干倘卖无》的歌词）——顶真。

在这几种具体方法中，"回文"的形式有一种"格言"式的感觉，读起来让人感觉很有说服力。在写作实战中，我们可以在文章中需要强调的地方，适当地使用回文手法。举两个简单的示例：如果你是 HR，为了在文章中表达公司的用人原则，你可以写"用人不疑，疑人不用"之句，强调的是"用人原则"。这也是我们常说的一句话。假如你发现公司很多员工加班，但实际效率不高，你就可以写"我们应该用效率换时间，而不是用时间磨效率"，强调的是"效率的重要性"。

"栩先生"公众号有一篇文章，标题叫作《如果格局决定了人生，那到底什么决定了格局？》，它就是用回文的变体来表达递进关系，强调"决定格局的那个东西"的重要性。后来这篇文章被广泛转载，获得了千万级的阅读量，这个标题也起到了不小的作用。

此外，使用"部分重复"这一"套路"时也有一点需要注意：不要滥用排比。排比本身是值得用的，但这种方法太好用了，也就太容易被滥用了。优秀的政府公文、企业公关文章，使用排比句时都很注重方法，不会为了排比而排比。

2. 音韵

要通过音韵塑造金句，最常用的方法就是押韵。我觉得最好的金句有两个特点：传得开，留得下。所谓留得下，要求它真有价值，而不是强行为了传播度造的一些所谓的金句。而要传得开，读起来押韵、朗朗上口就非常重要。

押韵似乎有一种"魔力"：能瞬间让平平淡淡的一句话看起来有一些韵味或哲理。例如"是谁来自山川湖海，却囿于昼夜厨房与爱"（万能青年旅店《揪心的玩笑与漫长的白日梦》），这句歌词在网易云音乐获得了非常多的情感共鸣，有位用户把这句话写在评论中，就获得了三万多的点赞。

公众号里面的文章有时候也会注意押韵。比如有篇文章标题是《我见过无数成功人士，没有一个是锦鲤体质》，标题是押韵的。文章里面还有这么一句话："你是你自己，唯一的锦鲤。"有读者和我说他专门把这句话抄在本子上。押韵在这句话里面起的作用很大，你可以算算这 10 个字里，有多少个是押"i"韵的字。

我自己在写文章的时候，不会刻意地把某个"套路"往上搬。很多时候，我是不自觉地写出了某个句子，后来才发现其实它挺符合某个"套路"的。但这种不自觉当然也是长期训练的结果。

押韵的好处不必多讲。值得讲讲的是，怎样能快速想出适合的押韵字词？这方面没有一定之规，这里有三个我自己经常使用的方法可以分享：

（1）收藏一份"平水韵"，或掌握在网上查韵脚的方法。当你已经有了第一句话，想让后面的话押韵时，可以快速去翻阅、查找对应的韵脚。

（2）回忆自己熟悉的歌词。一首流行歌曲中，往往会有很多句押韵的词。当你想到某个韵脚在某首歌里出现过的时候，打开网易云音乐，进入歌词页面快速翻阅，说不定会获得灵感。

（3）留意一些常用的韵脚。一般来说，i，ai，ang，an，ou，u，ong……都是常用的韵脚，读起来顺口，用起来趁手。当年"急智歌王"张帝非常善于现场临时编歌词，但你仔细观察就会发现，他尤其热衷于使用"i"这个韵脚，这显然是刻意练习的结果。我们平时不妨也多留意这些常用的韵脚，把一些韵脚训练成自己的"拿手菜"。

当然，还是要多说一句，如果找不到合适的词，宁可不押韵。

3. 数字

在句子中，数字同样能给人规律性，增强读者的掌控感。"万里悲秋常作客，百年多病独登台""桃李春风一杯酒，江湖夜雨十年灯""世事一场大梦，人生几度秋凉"等，之所以能成为千古名句，与数字的妙用密不可分。

用数字来为文章增色，这种方法的优点在于生动。只要掌握了基本用法，套用数字的时间其实相对很短。其中，有两种场景特别适合使用数字。

第一种情况是面向未来提出一个全新的规划，或者对过去做一个归纳总结。数字的恰当使用，可以让规划或总结显得很凝练、大气。这样的例子俯拾即是，在互联网公司中也不少见，例如：阿里的百川计划、"今日头条"的千人万元计划、美团的千城计划等等。当你用一两个数字概括不了整个规划或总结内容的时候，还可以使用加减乘除的符号，让数字之间建立关联，华为的"1+8+N"战略，即为一例。

第二种情况是希望体现出时空的纵深感或强烈的对比感。这也是数字在诗词中的常用场景。如"万里长征第一步""养兵千日用兵一时"等，都是大家的习惯用语。我们在写作中，只要能基于所处的行业、公司特点，对常用语做一些调整，就会写出一些不错的金句。

*

内容上的"套路"：下论断、贴标签、做类比、做号召。

在形式上，使用对称的结构、押韵的字词、恰当的数字，都可以提升"规律性"，可以更好地帮助我们写出金句。

而在内容层面，下论断、贴标签、做类比、做号召这几种方法，能很好地为读者提供"确定性"，这是写金句的另几种常见"套路"。这几种方法其实都是在帮人节省思考的时间，让复杂的事情简洁地呈现在读者的眼前。

1. 下论断

几乎每个人都喜欢下论断，这是人类为了更快速认识事物的"方便法门"，是自然之理，难以改变。

但在工作中你会发现，最常给整体工作安排、整个公司发展下论断的人只有一种人：高层领导。而很多年轻的员工则往往擅长"描述"，习惯征引数据，缺少下论断的习惯。

敢于下论断，一方面需要人们有充分的积累。公司高层敢于下论断，是因为他们对公司事务的掌握最为全面，认识最为透彻。但另一方面，下论断也是一种可以通过训练得到提升的能力。也就是说，你刻意地要求自己基于对事物的分析去做一些判断，这本身可以提高你的判断能力。

也就是说，"下论断"既是写金句的一种"套路"，也是训练思维能力的一种技巧，不妨多使用。

根据我的梳理，常见的论断类型大概有是非论断、极端论断、阶段论断几种。

是非论断，指的是对事情进行肯定或否定的论断。最著名的例子是深圳当年"时间就是金钱，效率就是生命"的口号。这句话在内容上属于是非论断，在形式上采用了"A就是B"，以及并列的格式。它们组合成了一句极具感染力的口号，在当时的时代背景下产生了巨大影响。

王兴40岁生日那天，写下了一句感触："真的'极度渴望成功'的人其实并不多，符合后半句'愿付非凡代价'的就更少了。"35岁那天，王兴还曾转发"欧盟之父"让·莫内说过的一句话："没有人就没有可能，没有制度就没有永恒。"这两句后来被广泛传播，都属于做是非论断的句子。

极端论断，指用"最""唯一"等最高级而非比较级词汇进行的论断。这种句子同样能带来强烈的对比感，烘托出鲜明有力的观点态度。"万物之中，希望最美"，是一个典型案例。**极端论断也可以和是非论断结合起来，往往更具感染力，如"楚虽三户，亡秦必楚！"**

阶段论断，指的是对事情的发展阶段所下的论断，一般发生在阶段转换之时，也有回顾过去的总结性论断或面向未来的预测性论断。例如，互联网公司经常会下这种阶段性论断。马云曾说"世界正从 IT 时代进入到 DT 时代"，李彦宏曾说移动互联网时代已经结束，互联网的下一幕是人工智能时代……互联网公司高层的一些观点当然都会往利于自己公司的方向去引导，但这些论断是否立得住，最终还是要看论断本身是否符合或者能准确预判客观事实。

2. 贴标签、做类比

除了下论断，贴标签和做类比也是产出金句的常用"套路"。之所以把这二者放在一起讲，是因为它们很多时候是相通的：有的标签其实就是在将事物进行类比；有的类比也在不知不觉中成为标签。

我们经常说生活中不要轻易给别人贴标签，这恰恰反映了标签的价值，一个深入人心的标签贴在你身上后，总是会成为别人评价你的标准。无论对公司而言还是对个人而言，标签往往会成为外界对你的定位，而"定位"的重要性想必不用多说。

因此，在写作中，对自己所处的公司、行业，我们就应该主动去贴正确的标签。否则，你很快就会被其他你不愿意接受的标签所困扰。以下是几种常用的贴标签、做类比的方法。

第一种：细分领域第一或细分领域头部。大部分企业或企业内的业务都难以成为全行业的第一名，但这不妨碍它们是细分领域的第一或头部。随着互联网越来越向垂直纵深发展，企业或业务获得这种标签的机会是在不断增加的。

第二种：甲领域的乙。 早些年，国内很多互联网公司喜欢将自己类比为欧美的互联网公司。这几年这种情况仍然有不少，例如：有些视频网站都爱说自己是"中国的 Youtube"。资本市场似乎对此也很受用，原因仍然是我们在开头提到的：掌控感、确定性。资本市场最讨厌的就是不确定性，当它知道这是自己熟悉的某种模式在中国的翻版时，投资心态自然就不一样了。

第三种：特色标签。 基于事物或者人物独有的特色，给它贴上一个恰当的标签，可能会让人很难忘。三国时的卧龙、凤雏、冢虎……古代小说里英雄好汉们的绰号，很多都属于这种标签。

将特色标签用在人物身上，是今天最常用的一种贴标签的方式。比如钢铁侠马斯克，一听就能感觉到他与其他科技巨子不同的气质。

这几年，黑天鹅、灰犀牛成为热词，把事物类比成这两种动物，对事物的特点有极强的概括性。如果我们在写作中也能用大家熟悉的、直观的一些意象，作为标签来概括复杂的事物，效果会很好。

3. 做号召

下论断和贴标签的句子里，名词扮演着重要角色。而相比名词，动词具有更强的行动感和号召力。用好的动词"做号召"，能产出一些感染力很强的金句。类似"成为海贼王一样的男人"这样的句子，会让人过目难忘。

当然，"做号召"应该是大家最熟悉的一种写作方法，我们从小到大的作文里可能写过很多次这种句子，所以这里不展开讲了。需要提示的是，做号召同样不能盲目，否则反而容易引发反感。在适当的时间点提出准确的号召，需要写作者有宏大的事业做依托和深刻的洞察力。这方面，"来了就是深圳人"的口号堪称经典，其时代背景和语句内涵的结合都值得品味。

如果你善于归纳分析的话，肯定还能发现更多的金句"套路"，只要能够增强句子的规律性、确定性，让读者对内容有更强的掌控感，各种方式都是可以尝试的。

当然，在我看来，结构、音韵、数字，下论断、贴标签、做类比、做号召这几点，应该是最为常用和重要的金句产出方法，所以，介绍完这几种方法后，这篇文章也就到此收尾了。这些方法虽然是分开讲的，但它们之间并非孤立，同时采用其中的多个方法显然更容易产出金句。

文章的最高境界是浑然天成、无斧凿痕迹。但是，无人工何以天成，没有刀劈斧凿、千锤百炼之功，也根本不可能达到浑然天成的地步。金句的这些"套路"，虽然看起来有些刻意，但我坚信，这是磨炼写作能力的必经之路。

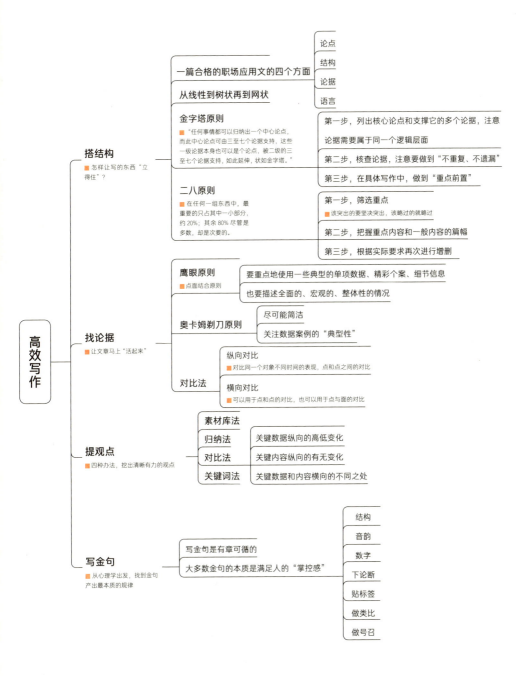

高效写作

搭结构
■ 怎样让写的东西"立得住"？

一篇合格的职场应用文的四个方面
- 论点
- 结构
- 论据
- 语言

从线性到树状再到网状

金字塔原则
■ "任何事情都可以归纳出一个中心论点，而此中心论点可由三至七个论据支持，这些一级论据本身也可以是个论点，被二级的三至七个论据支持，如此延伸，状如金字塔。"
- 第一步，列出核心论点和支撑它的多个论据，注意论据需要属于同一个逻辑层面
- 第二步，核查论据，注意要做到"不重复、不遗漏"
- 第三步，在具体写作中，做到"重点前置"

二八原则
■ 在任何一组东西中，最重要的只占其中一小部分，约占20%；其余80% 尽管是多数，却是次要的。
- 第一步，筛选重点
  ■ 该突出的要坚决突出，该略过的就略过
- 第二步，把握重点内容和一般内容的篇幅
- 第三步，根据实际要求再次进行增删

找论据
■ 让文章马上"活起来"

鹰眼原则
■ 点面结合原则
- 要重点地使用一些典型的单项数据、精彩个案、细节信息
- 也要描述全面的、宏观的、整体性的情况

奥卡姆剃刀原则
- 尽可能简洁
- 关注数据案例的"典型性"

对比法
- 纵向对比
  ■ 对比同一个对象不同时间的表现，点和点之间的对比
- 横向对比
  ■ 可以用于点和点的对比，也可以用于点与面的对比

提观点
■ 四种办法，挖出清晰有力的观点
- 素材库法
- 归纳法 — 关键数据纵向的高低变化
- 对比法 — 关键内容纵向的有无变化
- 关键词法 — 关键数据和内容横向的不同之处

写金句
■ 从心理学出发，找到金句产出最本质的规律
- 写金句是有章可循的
- 大多数金句的本质是满足人的"掌控感"
  - 结构
  - 音韵
  - 数字
  - 下论断
  - 贴标签
  - 做类比
  - 做号召

第十三章

品牌管理：
再小的个体，也有自己
的品牌

个人可以崛起的时代，你的
品牌对你人生的价值将会越来越大。

1/ 个 人 品 牌 四 要 素——平 台 、 定 位 、 营 销 、 内 容

> 品牌管理，最重要的是
> 定位。 ■

所谓个人品牌，简单说就是你给他人留下的印象的总和。

你在职场中留下的是你的职场个人品牌。你和你的家人、朋友待在一起时给他们留下的印象，也构成了他们心目中你的一部分个人品牌。

当前的时代是一个个人可以崛起的时代，你的个人品牌对你人生的价值将会越来越大。因此，不管何时，每个人都应该进行个人品牌管理。人是社会关系的总和，在他人心目中建立良好的、清晰的品牌认知对自己价值重大。而今天的互联网真的可以让我们每个人都有机会把个人品牌的价值做得更大。这是当前这个时代我们能把握的机会。

微信公众号平台的标语：再小的个体，也有自己的品牌。在我看来，个人品牌管理中最核心的要素是以下 4 点：**平台背书、品牌定位、品牌营销、内容和质量**。

之所以要专门把平台放在前面，是因为很多人没有意识到，平台背书是大部分人建立个人品牌的第一步。坦白地说，在你还没有建立真正有竞

争力、辨识度的个人品牌的时候，你能依托的其实是平台的品牌。

试想一下，你刚刚考上大学那一年，你身边的亲戚同学介绍你的时候是不是都会说"考上 × 大了"呢？因为这个时候，你是谁外人可能并不知道，但他们知道你的大学。所以，在我们没有明确的、独特的个人品牌之前，不妨多借助平台的背书，来让他人对你有更清晰的认知。举例来说，这些平台可以包括：（1）学校：如北大学生。（2）专业：如毕业于全国TOP5 的计算机专业。（3）公司：如大厂员工……

你当然不能把平台的能力当作自己的能力。但是，在你确实需要通过平台来让他人认识自己品牌的时候，那就大胆合理地去用吧，只要它是真实的。

其实，即使你已经有了自己独特的品牌形象，不需要纯粹依靠平台，平台也可以对你有不少的帮助，比如可帮助你和有相同工作、生活背景的人拉近距离等。

品牌管理最重要的是定位。定位这个概念，被称为有史以来对美国营销影响最大的观念。关于定位具体是什么意思，我先和大家分享《定位》这本书的两小段内容：

定位不是围绕产品进行的，而是围绕潜在顾客的心智进行的。也就是说，将产品定位于潜在顾客的心智中。

在传播过度的社会中，获得成功的唯一希望，是要有选择性，集中火力于狭窄的目标，细分市场。一言以蔽之，就是"定位"。

也就是说，定位这个营销概念，是在"传播过度的社会"中建立品牌的一个解决方案。今天更是一个传播飞快的时代了，所以我们作为个人，也需要学习定位。我觉得对个人而言，定位不仅仅是营销层面的策略，也是一个人发展本身的重要策略。

在互联网时代，我们发挥个人品牌的空间，不仅仅限于你所在的公司或者学校，也可以是跨行业跨领域的生活轨迹转变。

我们可以从下面这三个方面来考虑个人品牌定位。

1. 专业背景或者岗位职能

不管时代怎么变换，这都是别人对你进行判断时最重要的一个标准。

例如在明代，如果你是木匠，你的儿子就必须继续是木匠。别人对你的称呼可能都不是名字，而是王木匠。其实，今天很多时候也是这样。你去和一些技术型公司交流时就会发现，那些技术人员大多被称为"李工""赵工"。

所以，进行个人品牌定位时，你首先需要定位清楚自己的专业、岗位背景；在这个领域里是处于什么层级（横向对比、纵向对比，看看自己在哪个坐标上）。这样的话，别人一接触你，就能知道你是做什么的，做得怎么样，是有 10 年经验的 HR 经理，还是发明过某项专利的资深工程师，又或者是自媒体领域的运营专家……

2. 能力类型

你可能并不希望别人只从专业、岗位职能来判断你。因此，你可以从能力类型的角度，去建立自己的品牌定位。比如说，你现在要跨专业、跨领域找工作。你的岗位经验、专业证书可能基本发挥不了什么作用。你可能就需要依靠你和新岗位的能力匹配度，去说服面试官。

能力类型应该怎样划分呢？一家公司有产品研发部门、市场销售部门、运营部门这样的模块划分。一个人的能力在这些领域里也各有不同。你有可能擅长做研发类事务：互联网公司的技术人员、学术研究者、媒体记者、公众号作者和编辑，这些其实都更偏向内容研发。你也可能擅长市场销售或者营销：房产中介、品牌广告领域、媒体公司的商务等。你还可能擅长运营类的工作，沟通协调人与人之间、团队与团队之间的资源、需求等方面的问题。

从能力类型的角度去给自己做品牌定位，也不只是为了影响别人对你的看法，还可以帮助你自己更清晰地认识自己的能力，甚至，你可能会因此发现自己真正擅长的领域到底在哪里。

3. "撒手锏"

我在以往的文章里写过这样一段话：

在毕业 5 年后，不少在学生阶段表现并不突出的人后来居上，弯道超越。这些后来居上的人，大部分都拥有两个特质：要么有一技之长，要么在自己感兴趣并且擅长的领域里全身心地耕耘。这种能帮助人们脱颖而出的一技之长，越往后走，越会成为他人生成就高度的决定因素，因为它们就是我们人生中的"撒手锏"。

在今天这个时代，你真的不必被专业岗位限制。8 小时之外，你完全可以用自己的"撒手锏"培养出重要的竞争力，让它成为你个人品牌的重要组成部分。打个比方，我很清楚，我的"撒手锏"之一就是写作。所以，我上班写应用文，下班写自媒体文章、写社群"干货"。我去读和写作相关的各种书，并且还推出了一门专门的职场写作课。我相信我在这方面的能力能给公司、读者和用户带来价值。而对我自己而言，在这样高强度的"自虐"中，我其实把自己的"撒手锏"练得越来越强，让它成为我难以被取代的品牌竞争力。

有了品牌定位，还需要品牌营销。其核心就是把你的品牌定位和主张，用合适的内容，通过合适的渠道和形式传播给需要的受众。这里面有这样**两个关键点：**

（1）内容：要讲故事，要贴标签。

大家都知道，基于故事的想象是人类这个物种的一个特性。故事是我们内心深处最喜欢的一种传播形式。所以，不管你打算塑造怎样的品牌形象，请准备一些与此相关的故事（需要真实的故事）。

被随意贴标签，是网络上最让人反感的一种行为。但你反过来想想，为什么这种行为会这么让人讨厌？因为，标签的生命力太旺盛了。一旦被贴上某个标签，就在别人心中种下了一颗根深蒂固的种子，难以改变。所以，我们一方面不要随意给别人贴标签，另一方面一定要想办法给自己贴一些正向的、让人印象深刻的标签。至于具体怎么讲故事和贴标签，这些方法层面的内容，咱们下文再分享。

（2）渠道和形式。

这方面需要提醒的是注意是否适合和精准。

我们没必要为了建立个人品牌就非要搞出一篇"10W+"的文章。

拿互联网上的个人品牌建设来打个比方，你要是知识内容创作者，可以在知乎上写文章；你要是做娱乐号，微博肯定是你的重要阵地；你要是做美妆穿搭博主，就去小红书这样的平台。文字、图片、视频，什么形式适合你，就用什么形式。

在你的日常工作中，你的微信朋友圈、办公室等场所，就是你个人品牌建立的渠道。你可以根据你要影响的人群（领导、同事、客户等），去思考你要用怎样的渠道去影响他们。

品牌定位的第 4 个核心要素很容易被忽视，那就是**内容与质量**。

如果把我们每个人看作一个"产品"，你就应该清楚，所有的品牌定位、品牌营销都建立在一个基础上：产品内容和质量上。比如说，我作为一个写作者，最重要的事情永远是不断写出好的文章。这是一个朴素的道理，但也是很多人没有真正去理解和践行的道理。

2/ 品牌定位与营销——把自己高价"卖出去"的方法

> 你不一定要成为"数一数二"
> 的人，但一定要成为专家。 ■

上篇文章讲到个人品牌管理的理念和原则，接下来我将介绍个人品牌定位和品牌营销中三个最实用的方法。

1. 细分领域的"数一数二"战略

怎样快速建立个人品牌，牢牢占据他人心智？最好的操作办法就是成为某个领域数一数二的人。

通用电气的 CEO 杰克·韦尔奇当年提出的"数一数二"战略，将公司带出了困境。他当时提出的观点是：当你是市场中的第四或第五的时候，老大打一个喷嚏，你就会染上肺炎。当你自己成为老大的时候，你就能掌握自己的命运，而排在你后面的公司在困难时期将不得不兼并重组。

对个人而言，成为佼佼者的好处其实有两个：第一，占领他人的心智。这点不必多说。第二，通过马太效应获得更大的发展。大家知道，任何资源都会向头部的优秀公司、优秀人才倾斜。你作为数一数二的竞争者，获得的资源和机会可能是普通竞争者的十倍甚至百倍不止。

但是，很显然，并不是每个人都能成为某个领域数一数二的那个人。所以，我们大部分人可以采取这样一种策略：成为某个**细分领域**数一数二的那个人。为了让大家能更直白地理解这个重要观念，我给大家举三个例子：

内容创作方面：假设你是一个大媒体的记者，你们部门一共有 50 个记者，你很难成为顶尖的那个，你怎么办呢？

你可以看看自己是不是所在线里最优秀的记者，比如说最优秀的公检法线记者、医疗线记者等等。你也可以看看自己是不是有其他的特色或优势，如写稿最快，获取爆料能力最强，最擅长数据分析，语言水平最好……如果是的话，那么，在团队有相应需求的时候，肯定第一时间会想到你。如果不是的话，你可以培养自己这方面的能力。

市场销售方面：如果你是一个房产中介，你可能不是你们门店的销售冠军，但你自己有没有可能很擅长卖大户型？或者擅长卖高楼层？或者对区域地形非常熟悉？在这个基础上，你就有可能成为这个细分模块数一数二的销售员。未来你甚至可能是整个城市最擅长卖大户型的人。

产品运营方面：在公众号这个领域，有百万"粉丝"、千万"粉丝"的大号不在少数。就连很多细分领域都有不少百万级的大号。但还有很多更小的号依然能被很多读者记住。为什么？因为它们在更细分的领域做得很好。具体来说，职场技能和个人成长类的号也有很多。

大家应该都听过长板理论，对个人发展而言，非常重要的一点是磨炼自己的长板。我也写过关于"撒手锏"的文章。我认为，每个人都能有自己的"撒手锏"，但这不是要求你的一项能力要超过所有人，而是你在某些方面比你周围的人稍微突出一点就行。你只需要比一些人厉害，并让那些觉得你厉害的人看到就行了。

结合数一数二战略来看长板理论，我想给大家的建议就是：发现你自己的长板并且磨炼它。磨炼到什么程度呢？最好是成为在某个范围内（比如公司）某个细分领域数一数二的那个人，并让他人知道。到那个时候，你想没有个人品牌都难了。

为了让大家不要机械化地理解这个战略，在这里再做两点补充：

（1）**不一定都能数一数二，但可以成为行家。**

我知道有些场景下，你可能找不到数一数二的维度。没关系，但我建议你在这方面成为行家里手，也就是说这个领域的事交给你能搞定，哪怕现在搞不定，日后也能研究出靠谱的方法搞定它。

在一个领域，行家和普通人的差别是巨大的。在这个维度上，我们可以说，宁为凤尾，不为鸡头。

（2）**在细分领域建立优势并不是终点。**

让大家在细分领域建立优势是基于大家的实际情况来说的。对大部分人来说，一开始建立个人品牌，都只能从细分领域切入。但你不能停滞于此。当建立了细分领域的优势后，你可以做两件事情：

第一，顺着这个细分领域成为更大领域的佼佼者、专家。比如前面说到的房产中介的例子。你先成为最擅长卖大户型的销售员，下一步就可以试试看能不能成为这个门店的销售冠军了。

第二，拓展自己的边界，追求乘法效应。也就是说，在你拥有一个"撒手锏"的基础上，你在多个不同方面能力的连接有可能给你带来更大的价值。举个例子，刘亦菲被选为电影《花木兰》的主演后，曾引发了很多讨论。据说片方的选择标准里除了表演本身外，还有两点要求：有打戏功底、英语好……在这种情况下，刘亦菲一下子就脱颖而出。单某一个条件，她可能不是最棒的，但是表演、打戏、英语三个条件加在一起，很多竞争对手就无法和她匹敌了。

从某种意义上来说，你一旦让自己的不同能力进行了连接，就等于给自己塑造了一个全新的、更细分的领域。

2. 贴标签和讲故事

给自己建立了有效的品牌定位之后，我们还需要进行品牌营销。

上一篇文章里，我们说过贴标签和讲故事在营销中的重要价值。这里，我们就来看看具体操作，其中重点说说贴标签这个简单易行的方法。

我自己经过这几年的研究观察，发现了好几种贴标签的方法，这里扼要地和大家分享一下。

第一种技巧：根据前面的品牌定位，借助细分领域贴标签。

拿企业来举个例子，B站给自己的标签是：国内领先的年轻人文化社区。这很可能就是B站自己给自己塑造的一个细分领域。谁没事会说出"年轻人文化社区"这么长的一串话啊？这个词组原本可能根本就不存在：年轻人＋文化＋社区，每一个词都是在做进一步的限定。数一数二也不仅仅只能用"领先""头部"这种词表示，它还有另一种表现形式。例如，戏曲作家汤显祖被誉为"中国的莎士比亚"，×× 公司被称为"×× 行业的黄埔军校"。莎士比亚、黄埔军校，都是"最棒"的代名词。

前面说过，不一定每个人都是细分领域的领先者，但我们很多人可以成为专家。标签也可以从这个角度来贴。例如，如果你说"我是通信领域×× 专利获得者"，那我马上就能了解你是这方面的专家。如果你说"我是10年互联网HR薪酬专家"，那我也同样能建立起对你在这方面的信任。

第二种技巧：借集体标签贴个人标签。

今天，整个社会的组织化程度非常高，我们都工作和生活在各类组织、集体之中。所以我们也可以使用第二种技巧：借助集体标签贴个人标签，这个技巧非常实用。当然，你所处的集体可能没有这么强的标签，但结合第一个技巧来看，在某个细分行业、细分区域，有一定知名度的集体就要多很多了。

还有一种标签，是当你一个人的能力还不够吸引人，但所处的一个小团队能力突出的时候可以使用的。比如 ×× 三剑客、×× 五虎将……

第三种技巧：抓住一个特质贴标签。

我们很多时候取绰号就是这么干的，大家不妨看看《水浒传》里一百零八将的绰号：智多星吴用、小李广花荣、霹雳火秦明、花和尚鲁智深……一看标签，人物特色就跃然纸上。你再看看NBA的球星：飞人乔丹、大虫罗德曼、大鲨鱼奥尼尔、魔兽霍华德、狼王加内特……都是能体现个人特质的标签。

还有其他一些方法，比如借助场景贴标签。

我们评价一个歌手的地位高，可以说他是"殿堂级"，如果说他的水平低，就会说"这只是KTV水平"。殿堂级和KTV两个场景成了重要的标签。你不妨想想，你的领域里有没有这种可以让人印象深刻的场景标签。再比如一些能增加话题感的标签（如雨神萧敬腾等），在我看来，很多明星的标签看似是随意被贴上去的，其实背后也可能有着策划的痕迹。

这些方法，我们都可以结合自己的情况去使用。当然，注意一点：给自己贴标签时，标签必须是正面的。

最后，简要地谈谈"讲故事"这种方法。

如果你关注阿里，一定知道马云回到杭州和十八罗汉在自己家里创业的故事。如果你关注华为，也会听过任正非工作被辞，和妻子离婚，背水一战创立华为，甚至患上严重抑郁症的故事。这样的故事，会让人对他们的公司有不一样的认知。

对我们每个个体品牌来说，"故事"有很大的价值。不一定非要是什么惊天动地的故事，但随时准备几个和你想要传达的个人品牌相匹配的小故事备用，能很好地加深他人的印象（比如在自我介绍、和他人闲聊时都可以用上）。这方面和大家分享几个需要注意的核心点。

第一，"故事"要服务于目标。

比如说，你的个人品牌定位是销售专家，你需要传达这个形象的时候，讲的"故事"肯定就不是自己的什么小爱好，而是你成功的销售案例，或者是能体现你对销售行业洞察的故事。

第二，"故事"要有冲突。

所有的文学故事都会制造冲突，这是吸引人的核心点。而个人品牌故事中的冲突，其实可以理解为困难和解决方案。你不能只讲自己完成了什么任务，所以是什么方面的专家，还要让人明白你在这个任务中的困难和挑战。只有这样，你的解决方案才有价值，你的品牌形象也才能更清晰。

第三，"故事"要真实。

这也是我在最后给大家的一点忠告。我非常希望大家能通过品牌营销，让更多人看见你的能力，看清你的价值。真的，千万不要认为酒香不怕巷子深。酒香，更要去大街上吆喝几句，让远近的人都知道你这里有好酒。但与此同时，品牌营销不是品牌忽悠。讲真实的"故事"才是长期有效、让人心安的营销方法。

学习完这篇文章，我希望你可以完成一个简短的任务：给自己贴一个标签，要求和你的职业或者专业相关。

写完之后，你可以看看，你贴的这个标签足够吸引你自己吗？未来，通过你的努力，这个标签有没有可能变得更吸引人呢？

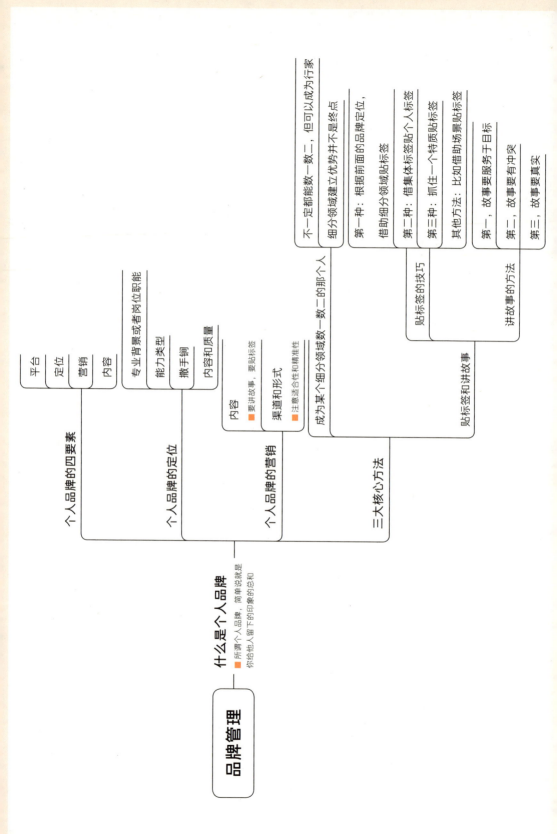

品牌管理

什么是个人品牌
■ 所谓个人品牌，简单说就是你给他人留下的印象的总和

个人品牌的四要素
- 平台
- 定位
- 营销
- 内容

个人品牌的定位
- 专业背景或者岗位职能
- 能力类型
- 撒手锏
- 内容和质量

个人品牌的营销
- 内容
  ■ 要讲故事，要贴标签
- 渠道和形式
  ■ 注意适合性和精准性

三大核心方法
- 成为某个细分领域数一数二的那个人
  - 不一定都能数一数二，但可以成为行家
  - 细分领域建立优势并不是终点
- 贴标签和讲故事
  - 贴标签的技巧
    - 第一种：根据前面的品牌定位，借助细分领域贴标签
    - 第二种：借集体标签贴个人标签
    - 第三种：抓住一个特质贴标签
    - 其他方法：比如借助场景贴标签
  - 讲故事的方法
    - 第一，故事要服务于目标
    - 第二，故事要有冲突
    - 第三，故事要真实

第十四章

人生决策:
一个决策,影响五年;
十个决策,影响一生

生活是苦难的，然而我又划着我的

断桨出发了。

——博尔赫斯

1／ 信 息 、 选 择 、 利 弊——
做 好 决 策 的 关 键 点

> 选择，就意味着放弃。我
> 们只能永远选择一个较优的方
> 案，而非完美方案。■

我曾经写过这样一句话：**一个决策，影响五年；十个决策，影响一生。**这句话并不夸张。我认为影响一个人命运走向的，往往是那极少数的几个重大决策而已。对普通人来说，这些重大决策大部分又都是在人生的前半段完成的。所以，尽早拥有一定的决策能力十分重要，这是很稀缺的能力。坦率地说，有的人甚至可能一辈子都没做过决策，他只是随波逐流，看起来做过一些选择而已。

如何做出决策有三个关键点：信息；选择空间；利弊与取舍。

一、信息

不管是团队作战还是个人决策，做出正确决策的前提都是收集充分的、正确的信息。但很多人都对这一点缺少关注。

有一位"粉丝"咨询我，自己不确定是否与女友分手，其中有一点考虑是担心对方父母近亲结婚，自己未来的孩子会受影响而抵抗力差。这就属于没有做好信息工作的情况。根据一般常识，近亲结婚一般影响到第三代的可能性很小——但这种常识，在这里也不算正确信息，真正正确的信息应该来自正规医院医生的指导。面对这样十分重大的决策的时候，咱们就应该尽可能多地了解正确信息，以免被一些完全错误的知识误导，做出错误的判断。大家不要觉得这只是个例。想一想吧，你在做股票投资决策的时候，花过多少时间分析所投的这家公司呢？这可是动辄几万几十万的重要决策啊！我们是不是很多时候像买白菜一样就决定了？

很多人热衷收集小道消息来做决策。比如根据什么"内幕消息"来炒股，根据什么"偏方"来治大病。比如高考没考好，你觉得认识的谁谁谁正好有"内部招生名额"……如果你真的这样做了，100 次有 100 次是要栽跟头的！

因为信息即权力。如果你真觉得自己掌握了某家公司了不得的信息，就问问自己，你是这家公司老板的亲戚吗？或者你自己是公司的高管吗？不是的话，你哪儿来的内部消息呢？如果连你都知道内部消息了，那这幕剧基本上就是搭台专门唱给你听，要把你套在里面的。

二、选择空间

我们在做选择的时候，还经常走进一个误区，就是非此即彼，或者说选择空间非常有限。

比如关于工作：是继续做好本职工作，还是辞职创业，选择自己喜爱的事业？其实，如果我们能仔细想一想的话，就会发现，人的选择完全不只是这些。你完全可以在干好 8 小时工作后，利用业余时间打磨自己想要发展的事业。给自己一个时限，在这个时限内去充分尝试，如果后者能给你足够的收入保障，你也证明了自己在那方面的能力，再选择辞职。

除此之外，你其实还有别的选择。比如，你可以带着你业余时间做的产品，再去一个更大的平台去找个好工作；你也可以看看你在主业上积累的能力和资源，与业余兴趣能否形成良性互补……

关于选择空间，我想给大家两点建议：

1. 至少要有 ABZ 三套方案。

AB 方案，就是指你至少要有一个备选方案，否则就根本不叫决策。如果可能的话，你应该有 ABCD 这样更多的方案可选。而 Z 方案，则是你的兜底方案。也就是说，万一你所有的进取型方案都失败了，你也有自己的兜底方案。失败很多时候并没有那么可怕，可怕的是，你失败后完全无法接受、没有办法，然后不断滑向更差的境地。

记住：要把自己可能的失败也规划在你的方案内。

2. 选择空间的拓展，来源于掌握的信息，也来源于努力。

信息的丰富，本身就可以拓展甚至改变你的选择空间，这不必多说。同时，在人生中要想拓展选择空间，也意味着你要付出更多的努力。比如我前面提到的，你可以在 8 小时本职工作外，发展自己的事业。有人可能会觉得，哎，我每天工作这么忙，晚上和周末只想休息一下。你当然有休息的权利。但是事实很简单，也很残酷：我们这些普通的年轻人只能依靠自己的时间，你做了越多的事，才有越多的收入。

我曾经邀请好友给"知识星球 App"的社群群友分享他关于目标管理的方法。他在读研时，不知道该如何做选择，他做的事情是一边跟着老师写论文，一边在律师事务所实习，一边准备公务员考试。在他的这个案例中，他其实是通过努力获取了更多关于各行业的信息，也通过努力提升了自己的能力，最终他做出了最适合自己的选择：读博。而这份职业也选择了足够努力的他，后来他顺利留校任教，成为一名不错的青年学者。

三、利弊与取舍

在收集足够的信息，拥有充分的选择空间后，我们应该对不同选择的利弊进行仔细分析，并且做出取舍。

我给大家讲一个可能有些特别的例子："进化论之父"达尔文结婚的故事。达尔文在决定是否要结婚的时候，干了这样一件事——列出结婚的利弊清单。这里给大家列一部分内容，供大家思考：

养小孩会浪费时间，晚上没办法看书，会变得又肥又懒，常会感到焦虑，而且要负起责任。如果要养活一大堆孩子的话，买书的钱也会变少。（但是，工作太多的话，对一个人的健康不利。）也许我的妻子不喜欢伦敦，或者变成一个碌碌无为、游手好闲的傻子。

不过，最终达尔文还是选择了结婚，因为他最终还是认为像一只工蜂一样不停工作、终老一生的情况不可忍受。

大部分人做不到也不愿意像达尔文这么理性地去分析结婚这件事情。但是，这种方法确实是值得我们在很多决策中使用的。你应该仔细比对不同方案之间的优劣。怎么去具体操作呢？在我看来，你可以列出一些基本因素、重要因素以及"一票否决"的因素。

（1）不具备基本因素的方案，就不会被纳入选择空间中。

（2）重要因素，就是你认为选择中需要重点进行对比的因素。

（3）一票否决因素，由于你的价值观或其他原因，你坚决不能容忍的内容。如果某个方案里存在这方面的弊病，则一票否决。

　　当然，没有任何一个方案会是完美的。达尔文的婚姻也不是十全十美的。比如，他的妻子信教，而大家都知道达尔文作为进化论的奠基人，他并不信仰上帝，这也成为他们之间的一道裂隙。尽管这道裂隙存在，但对当时的他而言，利远远大于弊，这就足够了。

　　请大家记住：选择意味着放弃。我们永远只能选择一个较优的方案，而非完美方案。

2/ 读书、择业、写作——这三个决定，影响了我十五年

> 当时的判断标准很简单，没什么特别的。但是就这么简单的标准，对我已经非常有效。 ■

这些年来，我做过的三个决定对自己的人生轨迹产生了巨大影响。

十几年前的第一个决定，还谈不上严格意义上的决策。第二个决定，和大多数人做出的决策并没有太大区别。几年前做的第三个决定，则是很少有人选择的路，也直接影响了我这几年的生活轨迹。

第一个决定：顺着自己的喜好，选择读中文系。

第一个决定是我在高三毕业时做出的：高考志愿选择文学院汉语言文学专业，也就是大家熟知的中文系。

这个决定是不被很多人理解的。当然，我能理解他们的"不理解"。从毕业生的平均收入而言，中文专业的排名很靠后。而我当时选择的原因很简单：觉得自己喜欢且可能擅长。我没有去做利弊的分析权衡，没有去收集足够的信息作为参考，所以我说这谈不上是真正的决策。

而在大学中，我很快就开始实实在在地体会到了中文系独有的痛快和痛苦。我和很多同学一样，沉浸在唐诗宋词、中西经典的海洋里，也跑去

听历史系、哲学系各种名师的讲座，我们感觉非常有意思。有同学更是按照作家的名字顺序，把图书馆里的文学经典都"扫荡"了一遍。

一个普通人最好的读书时光可能就是在大学。能在 20 来岁有这样的经历，我觉得受益一生。但选择这个专业也必然意味着痛苦——毕业就业时的痛苦。和选择理工科、商科专业的高中同学相比，我在就业时的收入起点和选择范围都处于明显的劣势。多年以后，当亲戚朋友问我是否该选择人文学科或人文专业时，我通常会给他们讲一个故事——蒋廷黻的故事。

蒋廷黻是著名的历史学家。1929 年到 1934 年，蒋廷黻在清华大学担任历史系主任。

他这个历史系主任很有意思。一方面，他非常爱惜有历史特长的人才，会根据学生的兴趣特点，给学生具体的指导，并且积极地推荐学生出国深造；但另一方面，他又不鼓励一般的学生读历史专业。原因很简单："因为我深虑历史系的学生没有出路。历史系毕业生虽然可以到中学去教书，但是待遇低、设备差，不利进修。学习历史以备从政之用，此一见解倒是深获我心。在过去，不分中外，许多历史学家均能身居政府要津即其适例。一旦有学生申请入历史系，我都给他们浇冷水，我提醒他们读历史一定会受穷很久。我也要他们晓得研究历史除非发现真伪，否则不会成名。"

你能看懂这个简单的故事，就能明白我的意思。而我自己，就在思考就业方向的痛苦中，做出了第二个重要决定。

第二个决定：一片迷茫中，选择到企业就业。

很多人说自己选择工作时非常迷茫。其实，当时的我也和大家一样。我印象很深的一个场景是：当时，我和一位好朋友站在图书馆大楼外，眉头紧锁，讨论到底何去何从。是像我们崇拜的一些老师一样，一直进修下去，最后做一名大学教师，还是去企业闯荡，以及该到哪个城市、什么行业闯荡呢？我们当时都长叹一口气：唉，没人指导啊！不过，这个时候，我具备了做决策的一些最基础的能力，也就是上一节谈到的：收集有效信息，拓展选择空间，进行利弊分析。

当我着手认真分析后，最终发现了两个重要信息：

（1）我目前的选择空间很小。

不管是争取未来成为大学老师，还是去企业就业，其实我在那个时间点都没有特别突出的优势。纠结了半天，我感觉自己根本得不出答案。但有一天，我突然想到了一个简单的道理：今天的选择会决定我未来的选择空间！如果我沿着学术的路走下去，那基本上只可能成为大学老师。而大学老师本来就业机会就少，涉及具体城市、具体岗位后，选择空间就更小了。但在企业工作，虽然没有什么专业优势，但五年、十年后的选择空间会大很多。

（2）热爱写作，并不一定要留在高校。

我还是很想让自己的生活和文字、文学挂钩的。这让我在情感上有点偏向成为大学老师。但我想明白了一点——高校培养的是研究型人才。而如果喜欢创作，在哪里工作其实没有太大影响。社会经历是一笔难得的财富。这一开始只是我的分析，有了这个想法后，我找了很多老师、师兄师姐收集信息，他们向我证明，我的这个观点是对的。

今天看来，当时的判断标准很简单，没什么特别的。但是就这么简单的标准，对我非常有效。于是，我才有可能做出直接影响我后几年工作生活状态的第三个决定。

第三个决定：做自媒体。

我最近这两年的状态，除了认认真真地完成繁忙的本职工作外，业余时间我主要在互联网上做了四件事情：写了 2 个公众号，做了 1 个付费社群，出版了 1 本新书，开了 1 门写作课。

（1）写了 2 个公众号：其中"栩先生"这个公众号被评为职场技能领域"十大最具价值公众号"。

（2）做了 1 个付费社群："栩先生的读书进化圈"和 5000 多位群友抱团成长，各项数据在"知识星球"平台名列前茅。

（3）出了 1 本新书：《成为极少数》，成为当当网新书 24 小时榜第一名。

（4）开了 1 门写作课：《高效职场写作课》，成为"在行"平台当时第一门也是唯一的一门写作课。

告诉大家这些，不为别的，而是因为在几年前，我自己根本想象不到能在两年内完成这么多事情。尽管非常辛苦，但也非常有收获。

在更早的几年前我的状态是什么样的呢？

我可以用八个字来形容：**工作努力，意志消沉**。

看起来很奇怪吧？但那就是我的真实状态。工作努力，是我的一贯作风。无论在哪里，我都比较有拼搏精神。意志消沉，是因为我面临和很多年轻人一样的困惑：职业发展迷茫、职业倦怠……还有一些具体的困难。

我用了很多办法让自己走出当时的状态。其中一个办法就是决定在网上开始写作（当时还不知道要做成今天的自媒体这种形态）。我几乎把所有的业余时间都花在了这件事情上。

那我当初是怎么做出这个决定的呢？我的考虑是：既然做决策都要考虑利弊，那么有没有一件事情是有利无弊、持续有利的呢？只要投入时间这个本金，就可以持续不断地产生正向反馈，而没有什么害处。后来我把自己的思考写成了文章《年轻的时候做点什么，才能让今后受益终身》。而在当时，我认为最值得我做的事情就是在网上写东西。原因有三点：

（1）只要投入时间，不需要经济、物质投入，就能不断有产出。

（2）输出倒逼输入，可以让自己不断提升思考能力。

（3）可以不断收到反馈，让自己不断调整，提升写作能力。

事实证明，这个决策是对的。但是，我真正想讲的并不是这个决策本身。我要说的是：我之所以能完成这几件事情，是因为我在做出"做自媒体"这个决策之后，又继续做了一系列重要的决策，比如：

（1）从知乎向微信公众号拓展。

（2）尝试写书出版。

（3）从微信公众号向社群拓展。

而每一次做出新决策后，我都会"饱和式"地对这个方向发力。我不断加深对自媒体和线上教育的了解，再进一步做出新的决策，不断加大对有潜力的事情的投入，战略性地放弃其他事情。这样一点点地不断探索，让我的工作生活呈现出今天的这个样子。

我之所以要给大家讲我这十几年中的三个决定，是因为我想让大家换一个视角来看待如何做决策。

多数时候我们谈决策，都是在谈一个点。实际上，我们更应该从线的角度来看待决策。

上一节我们谈了做决策的几个基本前提：收集有效信息，拓展选择空间，进行利弊分析。这就是在围绕一个点谈问题——我应该怎么选才能解决当下面临的这个问题。而本小节谈的则是我们应该将决策放在长的时间线中去观察。在这方面，我有三条建议：

建议一：谨记"大路思维"。

在"底层思维"中，我向大家介绍过"大路思维"。看起来走大路就是随大流，走小路才是走捷径，但实际上，走捷径才是最危险的。就像爬山的时候，捷径永远都是那些人迹罕至的悬崖峭壁。走捷径意味着你能接收到的信息更少，更容易走着走着就走进了死胡同。而走大路，看似竞争的人很多，实则越走越宽，越走越光明。

走大路才是对大部分人最有利的选择。

从长线来看，走大路的好处就在于：这给你未来的决策提供了更多的选择空间。

对于没有特别爱好的人，我一般都不建议他报考某个冷门专业，也不会建议他把留在高校任教当作目标，而是建议他到外部的大平台去闯荡，就是这个原因。

建议二：进行"多次决策"。

任何一个决策都不是做完之后就可以一劳永逸的。一个决策很多时候没有完全的对错之分。它的成功与否很可能要多年以后才能看到。而这个过程中最重要的是你继续在这个方向进行多次决策。

我们一定要尽量给自己多次决策的机会。

在投资中，有的人喜欢"梭哈"，也就是把全部的现金拿出来进行投资，甚至加杠杆投资。而很多成熟的投资者会采用"定投"的方式，定期定额投资。比如，每个月买100股某公司的股票，只要这个公司长期趋势是向好的方向发展，就能获得不错的收益。而一把"梭哈"的人，身心都会承受巨大的压力。

人生决策同样如此。在你不知道这个决策是否正确的时候，不妨先进行少量的投入，在未来的一段时间内持续评估决策的利弊，然后不断加大对正确的做法的投入，并且对错误的举措进行止损。没有人能在一开始就完全规划好未来三五年的发展路径。通过多次决策，你才能不断校准航向、调节速度，从而走向自己期待的目标。

建议三：不要忘记自己的价值观和喜好。

我是故意把这个建议放在最后的。因为很多读者在做决定的一开始，往往会用"我喜欢""我不喜欢"这样的方式来替自己选择方向。实际上，我们应该谨慎使用这个维度来做判断。因为很多时候：你所谓喜欢某件事，可能只是为了逃避现在不喜欢的事；而事实往往是，一件事情，你越擅长它，往往会越喜欢它。

一个人年轻时，往往不知道自己喜欢什么，只知道自己不喜欢很多东西。那怎么才能找到喜欢的事情呢？只有靠不断地实践。靠空想是绝不可能找到喜欢的事情的。在你真正认真地思考过利弊，进行了很多深入的尝试之后，在做决策时，应考虑自己的价值观和爱好。因为符合你价值观和爱好的事，才是能让你产生最大内驱力的事。

十几年前，如果我选择了其他专业，我应该就会爱上其他的行业，这对我也不是坏事。但一路走到今天，我基本知道我一辈子应该都离不开写作这件事。因为经过多年的实践，这真的成为我最重要的价值感和成就感的来源之一。做其他事，我可能也能做成，但写作这件事情我好之、乐之，愿意一直不停地做下去。

我真诚地期待，几十年后，我依然会在某个平台不断写文章给你看。

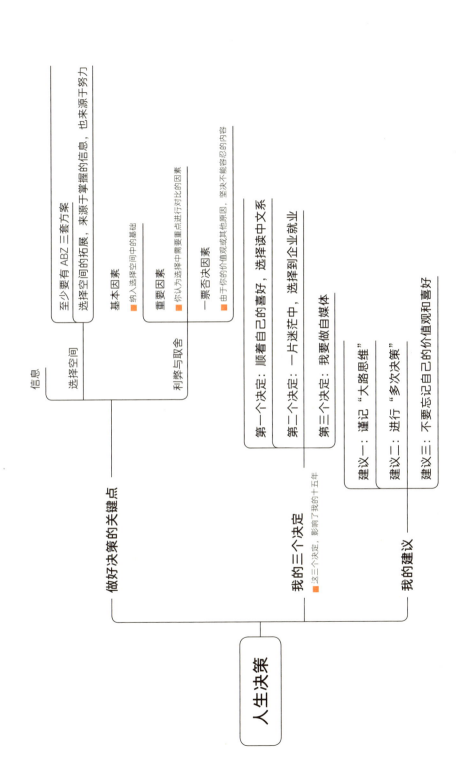

人生决策

做好决策的关键点

信息

选择空间
- 至少要有 ABZ 三套方案
- 选择空间的拓展，来源于掌握的信息，也来源于努力

利弊与取舍
- 基本因素
  - ■ 纳入选择空间中的基础
- 重要因素
  - ■ 你认为选择中需要重点进行对比的因素
- 一票否决因素
  - ■ 由于你的价值观或其他原因，坚决不能容忍的内容

我的三个决定
■ 这三个决定，影响了我的十五年

- 第一个决定：顺着自己的喜好，选择读中文系
- 第二个决定：一片迷茫中，选择到企业就业
- 第三个决定：我要做自媒体

我的建议

- 建议一：谨记"大路思维"
- 建议二：进行"多次决策"
- 建议三：不要忘记自己的价值观和喜好

❓ 栩先生答读者问

1. 如何正确地做出决定？

【@天空之城】提问：栩先生，你好，最近在职场中出了一些问题，请教一下：我跟同事抱怨的话语传到了领导耳中，当时的发起者不是我，最后我感觉领导对我的好感直线下降。这么些年，我一直想考研、考博，当一名大学老师，我也知道很困难，但是我真的怕 40 岁再回首时发现自己一点没努力，一直在将就。我不知道我最后的决定对不对，或者我需要什么方法去评估自己的决定是否正确？想请教一下老师。

【栩先生】回答：@天空之城，你好。我想先简单地和你说一句，职场不是"天空之城"，你真的要接接地气了。你的很多想法，根本不像一个工作多年的职场人应有的，反而更像一个还没毕业的大学生。

针对你的问题，我一个个来回复：

（1）你的抱怨被领导听到，然后领导对你的好感下降——这一点也不冤枉，就算你不是抱怨的发起者，也一点都不冤枉。

你不妨想一想，哪怕只是朋友之间闲聊，你知道有朋友吐槽你，你对他的印象能好吗？解决这个问题，需要做到两点。

①注意职场沟通方法。不管谁发起了对领导的抱怨，你听着就行了，不要随随便便补充自己的抱怨，特别是对直属领导的抱怨。你要清楚，企业里的同事关系本质上不是"朋友"关系，而是"战友"关系，你们只是为了一个共同目标在做事情。口风紧，不仅可以保护自己，也能让领导和同事知道你是一个靠得住的人。得到更多人的信任，你做成事情的可能性才更大。

②更重要的还是自己的职场心态问题。看你的描述，应该工作多年了，年龄推测也在30岁以上了。我不知道你的具体情况如何，但我要借此机会认真提醒你自查：如果你在工作中总是抱怨，甚至因此影响到了自己的工作动力，比如觉得公司领导愚蠢，公司制度呆板，所以自己就什么都懒得干，能推就推，那你就非常危险了。一个真正有目标的人，总是会想办法做出改变，要么改变身边的氛围，要么让自己变得强大到能离开这里，去和更优秀的人为伍。

（2）关于你谈到的考研、考博的问题……

真的有不少读者问过这样的问题。我的话可能说得很直率，这样才能让你明白得更彻底一些。对于过了30岁还想去考研、考博的同学，我就想让你自己问自己一个问题：你去考研、考博，到底是觉得你在学术方面能够有建树呢，还是因为觉得自己在职场上很难成功，想选择逃避呢？你是不是只是想先逃避？请真诚地问自己，并自己作答。

如果你真的很有学术潜力，那我觉得当然不妨去试试。如果你只是想用这种方式逃避目前生活中的不如意的状态，那我只想告诉你一句话：诚实点，面对现实，即使硕士、博士毕业还是需要工作的。

一点一点认真地去谋求职业上的发展，一步一步照顾好家里人和自己的生活；选择高校并不会是一条更轻松的路，也不能帮你远离在社会上需要面对的问题。不要怕改变很难。职场上所谓的管理方法、沟通技巧，无非就是那么多，哪怕一条条学，跟着自己身边比较厉害的人一点点模仿，也总是能有所进步的。关键的问题是，只有你承认现实，承认自己的不足，踏踏实实改变，才有可能做到这些。

2. 如何看开一点，不在小事上斤斤计较耗费心力？

【@沐**】提问：学长好！我自己总在一些小事情上斤斤计较、过分紧张，和朋友之间会因为多做了一点或者多付了一点钱而内心有疙瘩。我明白都是些小事情，自己应该看开一些，不要在小事情上消耗自己、影响人际关系，但还是会时不时因为这些事被影响，同时，也还是会很在乎别人的评价。他人一句话会让我东想西想，这样就会耗费精力，格局也很窄。因此向学长求解。谢谢！

【栩先生】解答：沐同学你好，说真的，我很能理解你的心理状态。真诚地给你两个建议，其中也有我自己的一些亲身体会。从更根本上说，一个人去关注更大的世界，去追求更大的目标，才能避免持续在小事情上消耗自己。举一个可能不恰当的例子，权当参考。《史记》里记载鸿门宴的场景，相信你也很熟悉，其中有很著名的一段话：

范增说项羽曰："沛公居山东时，贪于财货，好美姬。今入关，财物无所取，妇女无所幸，此其志不在小。"

我简单地翻译一下。范增劝说项羽道："沛公住在崤山以东时，贪图财货，喜欢漂亮的女人。如今入了关，财物什么都不拿，也不迷恋女色，这样看来，他的野心不小。"

刘邦的改变本质上是因为他的目标变了，所以关注的点变了。

如果务虚一点说，当你更多地把精力放在自己的成长上，放在思考事业如何不断取得突破，生活如何一步步走向更好这些方面时，你对小事情的关注会越来越少。一个常见的场景：当你换了一份全新的更好的工作，你可能会突然发现，在原来公司里的一些所谓的争斗原来是那么无聊。当你换了一个城市，你会发现，在原来的城市纠结的很多问题根本不再是问题。很多同事，包括一些朋友，都只是人生中的过客。自己和真正挚友的共同成长才是重要的。

人的成长不是一瞬间的，但意识到一些问题已经悄然破解往往会是突然的一瞬间。相信我，肯定会有一天，你突然意识到：我好像已经不再是原来的那个自己。我已经完全不在意某些事情了。

期待那一天尽早到来，祝福你。

3. 工作无法顺利开展，我应该怎么办？

【@余**】提问：学长好：有个问题一直是我的困扰，我不知道是该提还是不该提。该提，可能是因为很多像我一样的人也想知道；不该提，是因为最终要靠自己领悟。

我在一个大型制造业的国企工作，我们也被人称为布置作业和收作业的职能岗位，部门的设置非常复杂，需要和很多科室的相关负责人（部分职级比我高）对接，了解与统筹相关工作，很多时候会遭遇部门的各种刁难和卡壳，对我而言，感觉工作不好开展。当然本人也存在资历浅、道行不深、自身条件不足等问题。当然也有老好人的形象。所以希望得到指点。谢谢学长！

【栩先生】解答：余同学你好。你面临的问题，对很多职能部门的工作人员来说，其实很常见。所以我觉得这个问题很有价值。

首先我要告诉你：你的问题，如果只依靠沟通方法，或者依靠领导干预，是不可能得到真正解决的。要彻底解决你面临的问题，说实话，也很不容易，但并非没有办法，且听我一点点说。不知道你有没有遇到过以下的一些场景：

（1）你们要开展一项新的业务，或者要做一项宣传，但不知道有多大风险，你去问法务。法务的同事每次都告诉你："我们觉得肯定是有风险的，不建议做。"长此以往，你会怎么看待法务的同事？

（2）人力资源部门的同事时不时就要来考查价值观，但是这些价值观本身和你的工作成果又没有太大关系，你每个月都需要应付他们。

（3）行政的同事每个月都会上报考勤情况，并且以此为标准来扣钱。你们是辅助生产部门岗位，既不是销售人员整天在外跑不用考勤，又不像技术人员一样天天待在工位，有时你们也需要外出做事。那这种考勤方式，你们欢迎不欢迎？

你觉得我列的这几种情况是不是有点官僚主义？有一些"大公司病"？

好的，法务、人力资源、行政团队是非常有价值的。但是，上面这类问题绝非罕见。作为职能部门的一员，有可能你自己也不想这样，但是规章制度就是要求你这么做。但对业务部门来说，他们会很"烦"你：既办不成事，又耽误事，不烦你烦谁呢？

怎么解决这个问题呢？从最根本上说，是一句话：职能部门，一定要有业务思维，也要有商业思维。具体来说，需要考虑下面两点：

（1）你的工作是为其他部门带来麻烦，还是能帮他们解决问题？

你现在的工作对各部门来说是增加了麻烦，所以他们会应付你。那你考虑过以下这些可能吗？

①节省交材料需要花费的时间和流程：例如制定一套递交材料的简明模板；简化审核流程。

②给予早交材料的团队以激励：任何一件事情真的进入了考核流程，大家也不敢过于应付。

③能通过材料不时给予各部门一些有价值的反馈——领导不就是通过材料给各部门提供策略指导的吗？你们是不是也可以做到这样？不需要每次都有反馈，但凡有反馈必有价值。这样是业务部门的领导肯定会对你们刮目相看，而不是只把你们当作"发作业"和"收作业"的人。

…………

（2）你的工作到底是让公司更"内卷"，还是能给公司创造价值？

我举个作为法务的例子：如果业务人员无论问你什么东西，你都说有风险，那业务人员肯定不乐意，觉得你是流程上很麻烦但又不能避开的一个点。但是，如果你能站在整个公司的角度，综合判断风险和收益，并且告诉搞业务的同事，这个风险可控，虽然可能会给法务人员带来更多工作量，但对公司有价值，可做。那么，你就是一个真正的业务伙伴。大家会更尊重你结合实际情况提供的建议。

甚至你也可以为公司创造价值。在业务人员还没有行动的时候，主动给予他们建议，这样的团队是厉害的，作为公司，也是很愿意认可这样的团队的。

而作为一个"发作业、收作业"的部门，你们其实能掌握很多业务部门无法掌握的全局信息。如果能基于此给高层提供一些有效的建议，或者推动一些业务上、流程上的创新、改进，那你们对公司的价值就真的是不可替代了，这样的团队才是真正有价值的团队。

我给你讲的确实都是理论上最好的情况，但你不试试，怎么知道理论不能成真？希望你能结合自己公司的实际情况，仔细参考，说不定会有帮助。

祝好。

4. 人到中年，应该如何改变现状？

【@鸿飞】提问：栩先生您好，我今年 30 岁了，家境一般，父母在家务农，我性格很懦弱，学历不高，能力平平，还不愿意与人社交，老喜欢一个人待着。我经常处于习得性无助状态。我妈逼我结婚，已经影响到了她的身心健康，而我又达不到她的要求，看着一天一天老去的父母亲，我既没有能力改善他们的生活环境，又不能够达成他们的心愿，我觉得很羞愧，对不起父母。我妈张罗着给我相亲，还经常与村里的人比较说"谁谁谁都做爷爷奶奶了，小孩都上学了，你还没结婚，我的脸面都挂不住了，我心都散了，日子都没盼头了"。我觉得家庭给我很大的压力，同时自己职业上也没有什么进展，并且很厌倦这份工作，当初是为了解决温饱随机找的工作，现在老想着换行业，却没有换行业的能力，老想突破却找不到出口，整天都过着煎熬的日子。我感觉我的生活过得一塌糊涂，自己觉得再这样下去不行，必须寻求他人的帮助，希望栩先生可以帮我理清我现阶段问题的根本所在，让我通透一些。谢谢。

【栩先生】答：

鸿飞你好。

这个问题，我思考了两天才来回答。希望能对你有所帮助。我一直觉得，一个人的现实状况就是身处环境和自我认知的产物，一个人很难突破自己所处的环境去幻想新的生活，同样，一个人也很难超越自己现有的认知去思考。

但问题在于，你如果想要有所改变，无论环境或者认知，总得要有一个先改变。

许多人，年轻的时候通过出去闯荡或者读书一下子跳出了既有的生活环境，感觉打开了一个新世界，这是改变环境；还有一些人，通过自己的学习、读书和不断地否定再否定，也能让自己的思维达到很高的程度，这时候只要时机一到，人生立马就不一样了，比如古代的孙膑、姜子牙、刘伯温等很多在山中修炼的谋士，这是先改变认知的人。

回到你的问题上来，你所说的那么多问题和短板归结起来就是这两种：一种是环境，特别是家庭环境很差；一种是自己的状态很差，用你的话说"过得一塌糊涂"。

对应的解决方案，要么狠下心，跳出老家的环境，跳出现有的平稳却没有希望的工作，要么先去改变自己。

我的建议是，从改变入手，寻求跳出来的机会。未来的一年，我希望你至少做到一件事情：找到自己。

你现在的状态是精气神不在了，所以才会魂不守舍、心神不宁。

精气神是一个人清醒的意识，是自己能掌控自己的一种状态。

第一，找回自己，就是要找到自己的价值所在，你工作的意义到底是什么，你每天做这些事情的意义到底是什么？

第二，找回价值的第一步，是找到自己的时间，你的时间在哪里，你的选择就在哪里，你的选择在哪里，你的结果就在哪里。看看你自己的时间都用在了哪些地方，你最好用一些记录的手段老老实实地跟踪自己一个星期的时间，看看你大块的时间和碎片化的时间都用到了哪里，你现在所谓的一塌糊涂、习得性无助，我推测很大程度上都是你的时间消耗在了非常没有价值感的事情之上，请记住：一个人的时间和精力是有限的。你一定要找出自己的时间消耗到了哪里，这些时间能不能用在更有意义的事情上。

第三，找回来时间，不要期望做点什么事就能一下子突飞猛进，从来没有什么武侠小说里的打通任督二脉，一夜变成武林高手之事，所谓的突破，都是长久的努力后，逐步打开了某种限制，但突破之后也不是一劳永逸，还需要再努力、再突破，人生就是螺旋上升的过程，不要好高骛远，从找回时间，从小行动开始，看书、跑步、冥想，哪怕是做菜做饭、做好人好事，也能让自己的状态慢慢变得不同。我在《被讨厌的勇气》中写道：人生就像山谷中的回音，你听到了什么，取决于你喊了什么。

期待你人生的改变，就从小小的喊一声开始。

5. 如何看待生命的无常？

【@Me262】提问：学长你好，冒昧打扰你了，有几个问题一直困扰着我，这些问题是大部分人不愿提及但又不得不面对的。具体情况是这样的：自从我上大学以来，短短几年时间，我周边发生了很多不幸的事情，好几个人因为重大疾病离开了人世，其中包括我的亲戚、朋友以及熟人。

每当我听到这样的情况，内心就忐忑不安，一方面，为故人的离去而感到惋惜，心想这样的事情离自己是多么近；另外一方面，我会更加担心自己的家人的身体情况，每次通话如果听到他们身体不好时我就更加寝食难安。

我想问学长的是：

（1）你是如何看待死亡这件事情的（"死亡"也可以泛指周边事物的离开和失去）？

（2）当你遇到类似问题的时候，当时的想法是如何的？又是如何处理的？

（3）你是如何处理学业、工作和家庭之间的关系的？是有所侧重吗？

【栩先生】答：

Me262 你好！

能看得出来你是一个善良的年轻人。很多和你一样的同学都会有这个困惑。我很喜爱的演员吴孟达先生去世了，也让我很感慨于生命的无常。今天回答一下你的这个问题，供参考。

说实话，作为一个过来人，我可以很负责任地告诉大家：关于父母变老的这个问题，在现阶段是没办法完全解决的。

在大城市里奋斗，前进的每一步都痛不欲生，但退一步很可能会抱憾终身。

而即使，有一天你奋斗成功了，也需要父母的身体好到能等着你去给他们带来更好的生活。

今天，我想分享给大家四句话：

（1）很多问题是有技术解决方案的。

在我看来，你在大城市打拼、父母留在老家的问题虽然没办法完全解决，却有相对最优解。

那就是在你现有条件下，尽量为他们提供物质上的保障和精神上的陪伴。

物质上：这世界上很难有财务的绝对自由，却有相对自由。

你在大城市里挣的工资相对大城市的房价而言，可能并不高，但相对老家的物价却肯定不算低。

用你在大城市里挣的钱为你父母在老家提供更好的物质保障，要远好于你回到老家，却还要父母帮你操心经济问题。

精神上：陪伴。

你可以没事多跟父母打打电话聊聊视频，除了关心他们的身体健康，更要关心他们最近又有什么计划，想些什么问题，聊聊老家都发生了什么事，这才是在做交流。

除此外，更要珍惜难得的相处机会，和父母在一起的时候就不要自己玩手机，不要只顾着聊自己的事，更不要嫌父母唠叨，你得让他们感到，你是在用心地和他们沟通，在倾听他们的声音。

而以上这些都跟你在不在大城市打拼没有太大关系。

（2）从根本上来看，所有选择都同时是放弃。

你问我是如何处理工作和家庭关系的，是否有所侧重，我可以明确地回答你，当然是有所侧重的。

我们都是靠自己的双手在这个城市打拼。如果想做成一些事情，付出的时间、精力、努力都是很多的。坦白地说，我确实做不到完全去平衡工作和对家人的陪伴。

选择多花一些时间干工作、做事业，就意味着放弃了一部分做其他任何事情的时间。你能做的只能是在有限的时间内更专注地陪伴，更有效地锻炼，更见缝插针地娱乐……

说实话，我已经很久没有整块的娱乐时间了。我其实也很贪玩，爱好很广泛，但真的是没时间能挤出来了。

（3）从改变自己做起，勿寄希望于改变他人。

你说自己觉得改变不了家人的习惯，觉得很无奈。我可以告诉你，人生往往就是这么无奈。

仔细想想我们的人生，可能你就会发现，你很难改变一个根本不愿意改变的人。

举个例子吧，我写职场成长文章好几年了，也见过很多人，非常清楚：读了我文章而改变的人，其实他们内心本来就是想要获得改变，然后在这里受到了启发。而那些根本不想自我突破的人，再多文章放在眼前也不会看。

对于家人，我们当然是最希望他们改变的，不管你也好，我也好，都是这么想的。但只能说，能劝多少是多少，能帮着做多少是多少。如果他们真的已经不愿意改变一些（在你看来）不好的习惯，我们最终也只能"尽人事，听天命"。

（4）人生短暂，要活得灿烂。

乔布斯有一番话对我影响很深，在这里分享给你和各位读者。

"你有时候会思考你将会失去某些东西，'记住你即将死去'是我知道的避免这些想法的最好办法。你本就一无所有，没有理由不去追随自己的内心。"

人生很短，所有的意义都是靠咱们自己活出来的。如此而已。与大家共勉。

6. 漂泊在外，如何面对父母的压力？

【@玉汝于成】提问：当我告诉了父母我在外地工作以后，他们的反应特别大，天天各种方式催促我回家。

本来是想来这个温暖的地方过冬，顺便找份自在点的工作，看自己喜欢不喜欢，想多尝试多走走的，然后搞成了现在这样。真的让我内心好沉重，感觉如果听他们的，向他们妥协，我将失去自己选择工作的地点，想嫁外地人的自由，如果跟他们抗争，我心里始终有疙瘩，只要他们一给我打电话，疙瘩就戳得我心疼。栩先生，我该怎么办？

【栩先生】答：

玉汝于成你好！

非常理解你的心情，也心疼你，确实很不容易。我直接用清单给你几点建议：

1. 每个人都是自己人生的第一责任人。不管是你，还是你的父母，都应该明白这一点。

也就是说，子女首先不是为父母而活，父母也不是为子女而活。虽然这些话听起来可能让一些人觉得刺耳，但这才是成熟人生的真相——我们只有先对自己的人生负责，才有可能更好地去照顾亲人。如果你的描述属实，我认为你的家人并没有想清楚这一点。

2. 如果你确定自己目前的决策是理性的，是符合人生发展需要的，那你就不应该妥协。

如果你今天妥协了，基本就等于，你父母和你自己都会认为他们才是决定你人生的人。今后，在人生的每个重要关口，他们都会想要替你做决定。而且，今后如果你过得不顺意，可能也会埋怨他们。

3. 不妥协只是基础，你要做的，是不断让自己做出更好的选择，获得更好的成长。

你要更加努力、认真负责地思考自己的人生：例如城市的选择——"想来这个温暖的地方过冬，顺便找份自在点的工作"，我觉得这是缺少说服力的。如果你希望有大的发展，应该考虑的是：这个城市的空间如何，我在这里能找到好公司吗？如果你对城市没有明确的想法，那就用我经常说的"大路思维"去大城市，因为"天花板"比小城市高很多。

对于恋爱结婚，你也要形成成熟的择偶观。如果你自己对各项重大选择都还缺少理性的判断，那也就不要怪父母对你不放心了。"让人放心"是需要用行动和实力去慢慢证明的。

这方面的问题也值得你认真思考。

4. 除了"知道该做什么"以外，知道"怎么说服他人帮助自己，至少不反对自己"，也是需要技巧的。

不要一味生硬地和父母对着干，要知道，每个人都有自己的局限性。他们可能限于自己的视野，认为按照他们的做法去做对你更好。很多事情，当下谁也说服不了谁的时候，你能争取一些妥协空间，也是很好的。

举个例子，你找一个和你关系不错，在父母面前也能说上话的亲戚朋友，先和他做好沟通，让他理解你的选择，然后去和你父母沟通。这可能比你直来直去地和父母吵架有效果。

其他具体的沟通技巧当然还有很多，你自己也都可以去想。但前提是你能对自己的人生真正负起责任来，不仅能负责，而且能做得好。这样当你每一步的选择都能让生活越来越好的时候，我相信除非你的父母真的极其顽固（这毕竟也是很少的），否则会慢慢被你说服的。祝好。

7. 就业、考公和深造，应届生应该如何选择？

【@Better me】提问：

栩先生你好！

我是今年 6 月毕业的，本科专业是物流，从事着跨境电商物流这方面的工作，从去年实习到正式就业一年多了，最近公司一直在裁员，有考虑换工作的打算，不过不想再找电商物流类的工作了。我不喜欢互联网公司的"996"，而一些私企公司都在大幅度裁员，让我觉得在私企工作挺没有安全感的。

我一直喜欢学校的氛围，所以想考虑考研，想回去重新读书，但是不知道选择哪个专业，也不知道自己适不适合走学术道路。或者是考公务员和当老师，考公务员的话难度还挺大的。当老师的话，专业对应的是师范类专业。需要等明年再报考了，打算考一个初中数学教师资格证，但是专业不对口，可能城里的学校会进不去，现在我们那边好多学校都要求专业是对应的师范类专业。

目前这三条路，我不知道哪一条对自己来说会是合适一点的选择，每条路都有我倾向的点，但又下定不了决心要去走哪一条路，所以最近比较焦虑，整个人也越来越颓废，很害怕做错选择，希望栩先生能给我一些建议，谢谢。

【栩先生】答：

Better me 你好！

你这个问题是很多应届生面临的问题，其实不好回答。

我从你的文字中看出一个让人棘手的问题：你缺少判断标准。

考研、考公务员、考教师……似乎都可以选择。但唯独你自己专业方向的就业岗位，你不想再选择了。这个缺少判断标准背后更深刻的问题，可能在于，你对于自己的目标方向、长处优势都还没有做过深入的思考。

很多应届生或刚工作的同学，在处理类似问题时，都缺少一些可供参考的信息。所以，在这里，我就根据我的观点、掌握的信息，把四类选择的未来可能性简单和你说说，请你做参考。我认为这是对你比较有价值的办法。

（1）如果你希望的是未来有机会通过正当的方式获得足够丰厚的收益，并且能承担一定的风险和短期波动，你应该进入商业世界。

在这个时代，只要你真的有能力、做事靠谱，不瞎折腾，在商业世界中早晚有机会获得不错的收益。哪怕只是打工人，企业里的收益一般来说也会较高，当然同时你也需要承担一定的风险。

不管是电商物流还是其他具体领域，只要你在互联网行业工作，"995"甚至"996"可能都会是你需要面对的。从社会层面来说，这是一个需要社会去解决好的问题。但从个人来说，如果你选了这个行业，那就是选择了这个工作强度。

裁员、正规性、稳定性等问题，大企业的状况一般会比小企业好很多。所以，如果选择了这条路，就应该努力创造机会，去大平台。

（2）关于考研，如果你到现在都不知道该选什么专业，自己适合不适合做学术，那我建议你把这个选择往后放一放。

我经常说要有"风险收益"的意识，从现实利益来看，考研的收益是什么？要么是为了以后做学术，要么是为了工作中有更好的溢价。另外，为了充实自己当然也是合理的，但你的情况恐怕不属于此类。

有的专业技术门槛高，本科毕业出来做不了太多有深度的事，那读研是可以的。但有的专业本来就是应用型的，你又不是那么想做学术，那就要在毕业后再考研这个选项上打个大大的问号了。

关于氛围，你在中学、大学时，学校的氛围好，本质上是因为你和同学间没有那种明确的利益之争。但如果你留在高校，这一点就会或多或少发生改变。

（3）关于考公务员和考教师：

真的想考，你就好好准备，不要还没开始考就跑过来说很有难度之类的话。咱们一定要有敢于先试试的精神。都是工作，别人能考，咱们就一定考不上？很多时候，我们都是想得太多，做得太少。

而且，同时考也是可以的。

我很尊敬教师职业，对你个人的职业选择来说，你根据自己的实际需要参考吧。

但是，如果你真的足够努力，成为名师，那无论是个人培育学生的成就感，还是潜在的收益机会都会很大。

话说回来，如果咱们确实做得足够出色，在企业里同样也会是"香饽饽"。这也是我在这里对你的最后一个建议：足够努力，去做相关领域中第一流的员工。选择当然重要，但选择从来很少有 100% 好坏之分的，如果没有努力，任何选择都会变成"坏选择"。祝你前程似锦，加油。

8. 如何在业余时间发展副业并提升自己？

【@牧羊】提问：栩先生，晚间打扰，十分抱歉。寻思良久还是来找你谈谈关于这几件事情的看法。

（1）动力，目标的缺失。大概是在 3 天前，本来需要完成的任务清单一件也没有完成，家庭或生活问题导致。截至目前我也没有完成一件正向的任务，一有空就去玩游戏、看视频（不玩抖音和快手之类的），懒、逃避、自闭成了我现在的常态。

（2）目前有一份稳定的工作，但是空余时间较多，所以我想学习或发展一份副业。为什么想要发展一份副业？我想多赚点钱且投资自己多一点，但是不知道切入口在哪里。我目前喜欢上了散打，也在练习。另外我是个法盲，并且不知道应该学习法律的哪一方面，学习这个方面对我以后有什么样影响（考虑到以后的事情主要是建立目标，想要为达成这样的目标做准备）。

问题（2）对我来说是个大问题，还请指教。

【栩先生】答：

牧羊你好，这应该是很多人非常关心的一个话题。

你咨询的问题我简单归纳一下：缺少目标和动力，想用业余时间发展一份副业，提升自己，怎么做比较好？

我的建议可能会出乎你的意料：你应该先思考的不是副业问题，而是主业问题。

给你讲个小故事吧：当年互联网泡沫的时候，很多互联网公司都破产了，丁磊也面临过网易股价只有64美分的情况。那时候丁磊想过把公司卖了做个新项目。

丁磊找段永平问，自己该做什么项目。

段永平的回答是这样的：你有一个公司了，为什么要去做新项目，为什么不把公司做好？

我想说的也是这样：你有一份主业了，为什么不先考虑在主业上做出突破？

有两种情况：

（1）你的主业有比较大的发展空间。那你应该利用业余时间做的，首先就是围绕主业所在的行业、岗位，去提升自己的竞争力。

比如，你提到"我是个法盲，并且不知道应该学习法律的哪一方面，学习这个方面对我以后有什么样的大影响"——这个问题就可以基于你的主业来思考，如果学会法律知识后，对你的工作竞争力有一定的直接提升，那就可以去针对性地学习。

但如果没有的话，为什么要选择法律知识进行学习呢？这点我没有看到你做选择的考量因素，我没办法给你具体的指导。法律条文非常繁复，你即使学会了一些知识，那也是业余选手。

（2）如果你的主业发展空间不大，那你首先要考虑的是：要不要换一份工作？如果有把握通过换工作获得更好的发展空间，那当然值得去试啊。

无论从哪种情况来看，我觉得找一份副业可能并不是你的最优解。

当然，还有一种可能：你的工作比较稳定，你觉得空间有限，但又不太愿意离开，就是想做一份副业增加一些收入。这当然也可以，而且值得点赞。因为至少你想的是继续提升自己，而不是浪费业余时间。

副业做什么最好？我不是专门研究副业的，不能给你具体的指导，但我认为它同样应该遵循基本的商业模式：

（1）能把一份时间多次售卖的事情。例如标准化的课程、产品。

（2）能有持续上升空间的事情。例如开小店的人有了积累后，可以开更大的店。

从这个角度上来看，其实业余做散打教练，或者当网约车司机，兼职发传单……其实都属于同一类型，它们并不是好的模式，因为它们让你的时间只能被售卖一次，而且缺少持续的上升空间。你是一位有 20 年驾龄的司机，就能比驾龄 2 年的司机经营得更好吗？不一定。

以业余做散打教练为例，我们来谈谈两条突破路径：

（1）数一数二战略。当你是你所在区域最棒的教练时，一般你的收入肯定是最好的。

（2）从专业线进入管理线。掌握了专业技能后，自己把商业模式摸清，自己开店做老板。这样的话，才有可能把副业变成主业。

这也是我一贯的立场，如果副业只能让你赚点不长久的零花钱，那价值是很有限的。

以上供参考，祝好。你的问题中缺少一些更具体的信息量，如有更多问题未来还可咨询。

9. 不想继续读书了怎么办？

【@乡村少年】提问：栩先生，你好，我是一名高三学生，成绩不好，感觉老师教得较差，没有想读的兴趣了，有点累，我该怎么办呢？

【栩先生】答：

乡村少年你好。

虽然你的问题很简短，但我认为这对你非常重要，因此，我写了1000字的回答，请你好好读一读，也请有过类似经历的同学们读一读。

先用一句话表达我的核心观点：一定要读下去！认真准备高考！

下面这个道理非常简单，我不希望你等到在社会上碰得头破血流，才意识到这个简单的道理：大学是人生的一块敲门砖。对一个普普通通的人来说（你的名字叫"乡村少年"，我相信我们都一样，没有含着金钥匙出生），没有这块砖，你的人生一定会处处受阻。这就像打游戏，明明大家都可以打普通难度的游戏，你非要打一个困难级难度的游戏，何必呢？没有任何意义。

接下来，我给你两点建议：

（1）认识到高考是你人生中真正靠努力就能改变命运的最好机会。进了社会以后，努力当然也有用，但高考的公平性，以及它对于一个普通孩子的价值，绝对是难以比拟的。

这是你自己的人生，是你自己的机会，懂吗？

老师教得好一点，差一点，那没有办法。我知道，很多人上学的时候，都会以"老师教得不好"为由讨厌某门课，这是一种常见的心理，但这实在是非常愚蠢的一种心理。

我可以明确地告诉你，不管是老师，还是你现在的同学、朋友，很多人都只会陪伴你走过人生的一小段路，甚至有很多人，你毕业之后，这辈子都不会再和他们见面。但你的人生还得靠自己走下去啊，学习是自己的，工作和生活也是自己的，怎么能因为"觉得老师教得不太好"就放弃学习呢？万万不行！

（2）要学会欣赏别人的优点，也要学会自己掌握学习方法（未来就是要靠自己掌握更多的改变命运机会）。

我读中学的时候也不喜欢某位老师，后来想想也是和同学们互相影响，最终导致我们在这门课上的成绩都不好。

当时我们的班主任知道这件事情后，专门和我们开了一次会，讲了这位老师的一些优点——这让我印象非常深刻——那时候，我突然意识到，这位老师确实是有很多优点的，只不过之前都被我们习惯性忽视了。后来，我们几位同学都不再讨论此老师的缺点。因为每个人可能都有自己的缺点，但你不能只盯着他人的缺点看。

退一步讲，即使真的像你所说的，老师教学水平比较有限，那就没有办法了吗？当然不是。你可以有好几种选择：①请教你们学校，甚至你所在的城镇的好老师，如果有条件的话，找他们帮你补课；②自己买好的参考书，自己学习；③找学习好的同学帮助你。

你有条件的话，还可以到网上找优秀的网课来学习。

最后，送你一句我很喜欢的话："收拾精神，自作主宰。"

你已经高三了，成年了，应该知道，抱怨没有意义，人生早晚都要靠自己，既然如此，为什么不早点开始？选择决定命运，只有你选择努力，你才选择了自己未来更好的人生。

加油！加油！

10. 如何向领导提"涨薪"？

【@威国王】提问：怎么向公司领导提涨工资的事，怎么让领导痛快地给自己涨工资？

【栩先生】答：

威国王你好。

我相信涨工资这件事是职场人非常关心的问题。

但我的回答很可能要让你失望了。

如果把你的问题拆开来看，是两个问题：

（1）怎么向公司领导提涨工资的事？

（2）怎么让领导痛快地给自己涨工资？

但你想过吗？大部分情况下，让领导痛快地给自己涨工资，靠的都不是提涨工资的技巧。

如果你把提涨工资当作一次谈判，那做好它，无非就是使用谈判及说服技巧而已。

比如，用数据或案例论证你的贡献；找准老板心情好等类似的合适时机；使用不卑不亢的语气、沉默等技巧……如果要详细了解谈判技巧，你可以读读类似《掌控谈判》这样的书籍。我相信你去知乎、去论坛搜也能搜到一些技巧，但无非也就是一些技巧。

但是，提问题的时候，咱们得先想想这个问题提得对不对，然后再来考虑答案是什么。

我想反问你两个问题：

（1）你经历过加薪吗？是怎么做到的？是靠沟通技巧，还是靠跳槽，还是靠什么？

（2）你身边有经历过大幅度加薪的朋友吗？你问过他们，他们靠的是什么吗？

从你提的问题来看，我担心你在这方面是缺少经历的。

下面，我就来告诉你一些很实在的道理。我也希望你不要被一些人或者某种思潮忽悠了，在职场行走，重要的不靠小技巧。

让老板痛快地给你涨工资，本质上就几个原因，无非还是风险收益：

（1）老板认为你创造的价值大。

（2）老板认为你未来可能创造的价值大。

（3）老板认为，失去你，公司承担的风险高。

所以，要想让老板痛快地给你加薪，你要么业绩突出，或者承担了更大的责任，要么让领导看到你的潜力，要么让领导看到你的"不可替代性"在增强。

除此之外，还有一种方式：自己创业，承担更大的风险，争取更大的收益。但看你的情况，我不鼓励你这么做。

我不知道网上有多少人靠"提涨工资的小技巧"实现涨薪的。我只能实实在在地告诉你，我所知道的，我身边那些收入快速增长的朋友，没有一个是靠自己提涨薪来实现的，都是业绩为因，涨薪为果。

职场是很现实的。

我不是反对你去提涨薪。我只想让你想清楚：领导为什么给你涨薪？

如果由于一些外在原因，让你的薪资和贡献确实长时间不匹配，平心静气找领导好好谈一谈，让他知道你的困惑，当然是可以的，因为这非常合理。领导至少会认真考虑你提出的这个问题。如果问题短期内得不到解决，你能力强，升职、转岗、跳槽都可以，办法也有很多。

但如果在领导看来，你的薪资和贡献就是匹配的，符合公司对这一层级员工的水准，那么，领导凭什么要给你涨工资呢？就凭你运用了谈判技巧吗？

最后，祝你好好工作，早日涨薪、多多涨薪。等你真正有过大幅度涨薪的经历后，相信你会明白我说的这些"常识"。

11. 不善沟通的人如何融入环境？

【@ONLY ME】提问：学长你好，我是应届高中毕业生。

我先说一下我自己内心的想法：首先，我高考没考好，所以想学的专业可能学不了了。但是我发现我还比较擅长与人沟通。我觉得没法进入好大学的话我就需要在其他方面多努力。我的问题：身为一个理科学生，我在文史哲方面非常欠缺。虽然擅长沟通，但是团队作战能力很差，组织能力也差，面对新环境容易紧张，更喜欢单兵作战。我想知道我自己的想法是否正确？我的问题如何解决？

【栩先生】答：

首先说点题外话，你刚刚高中毕业，非常年轻。而年轻最大的价值就在于对未来充满无限可能，有点像量子力学的概率云，今后干什么、往哪儿发展、到哪一步都说不清，只能大致觉得某方面概率大一点而已，但随着毕业参加工作，尤其是成家立业以后，各种可能性开始快速坍缩，最后展现给你的可能就是那个唯一的现实。高考没考好并不用特别强调（我高考也没考好），就像一部优秀的成长电影一样，你需要先接受你有一个不完美的开始，才能在此基础上去创造更好的可能。

从你的提问来说，我觉得你可以从以下几个方面去思考：

一是大学专业。如果确定不喜欢也不擅长现在的专业，大学里会提供转专业的机会，只是比较难，需要从进校开始谋划，除此之外，大学毕业后通过考研也可以成功地重新选择专业。如果现在的专业并没有那么让你反感和拒绝，你可以把本专业作为获得学历的敲门砖，然后在大学里努力发掘其他的能力，毕竟大学毕业后不靠自己专业吃饭活得好好的人大把在。

二是关于如何努力。大学的时间比较宽裕，最忌漫无目标、四处开花，时间一长，可能就什么都走马观花、浅尝辄止。按照我之前讲过的长板思维，最好在最擅长的地方投入最多，比如你说的沟通方面（参加各类社团、组织活动、参加演讲辩论等，都是好方法），同时适当补一补自己的短板，比如你提出的英语水平、文史哲内容，这方面一定不能太随意，要定下明确的目标计划，英语怎么提升，达到什么水准，文史哲怎么看书、怎么听课，看什么书，都要有方案，否则很容易三分钟热情，虎头蛇尾，当然，重点在于合理分配时间、精力，养成习惯。

三是关于团队作战和组织能力等。这些的提升都不是现在的你一下能做到的。只能说，你意识到了这是好事，但也不要太焦虑，多数人这方面的能力都是从工作时开始培养的，一开始受点"打击"、"交点学费"也很正常，反倒是大学里那些特别擅长搞活动、上下交际、处事玲珑的人，在步入社会后并不一定就表现很好。

我最后的建议是，大学的时间最核心的还是要打基础，不管是什么专业，既然学了就还是要好好学，业余的时间多看看书，大量地阅读，剩下的时间适量去参与活动、参与社会实践，开阔眼界，打开自己的思维。

进了社会你会发现，拥有一技之长、扎实的积淀以及高效的学习能力，比什么都重要。

12. 如何改善自我负面情绪？

【@莉莉、@清厘】提问：情绪莫名低落，但是找不到具体的原因。可能是感情不顺利，工作压力大，很迷茫，请问该如何确认自己情绪低落的具体原因呢？还有我经常会因为一件小事情而烦躁，甚至会把火气发泄在一个跟我斗嘴的人身上。我很想改变自己的现状，但不知道自己产生负面情绪的原因是什么。

【栩先生】回复：心理学里有个情绪迁移法则。我们很多人都听说过"踢猫效应"，一个人被领导骂了，就去骂他的下属，下属只能回家骂儿子，儿子被骂了也很恼火，便将自己家里的猫狠狠地踢了一脚，最后只有猫没办法转移仇恨，只能"喵"一声表示愤怒。负面情绪也是这样，你在一件事上有了情绪，如果没有及时地疏解和宣泄，很可能在别的时间点，在别的事情上，还是会爆发出来。这种现象在情侣之间最为普遍，两个人本来没什么，结果突然一方就爆发了，很可能不是因为当前有什么事做得不对，而是前几天的什么事做得不好，当时忍住了，结果情绪没有疏解，迁移到了这件事上。

上面两个问题，本质上都是情绪迁移的问题，但因为很多人不去深思，所以很难发现情绪其实是可以迁移的，这种迁移的情绪如果不是自己去刻意梳理，有时候也很难发现。所以，如果发现自己情绪莫名低落，不要轻易放过它，有两种方式：（1）静下心来，承认现在的情绪根源在别处，然后慢慢回忆，找到那个负面情绪产生的源头，去看看当时的事情是不是已经得到处理了，相应的情绪也就不应该再有了。（2）使用剃刀法则，反正已经是过去的事情了，你只要知道现在的这种负面情绪对你不好，需要及时意识到并且止损即可。人生很长，如果事事都斤斤计较，会活得很累，有时候也要学难得糊涂，过去了的就不再沉浸和纠结了，只关注当下和未来，这也是在锻炼自己的"钝感力"。当然，如果长期（超过几个月）情绪都非常低落，对什么都提不起兴趣，就要警惕是否患上了抑郁症，最好去医院接受专业的咨询诊疗。

13. 如何与不喜欢的人相处？

【@mvp 颖】提问：请教栩先生，如果身边有负能量的同事，成天抱怨社会，抱怨工作，我虽然告诉她我很忙，但是她选择忽视，会告诉我，你忙你的我说我的。碍于同事的面子，我没法选择与她彻底不说话，但我又不愿意听她每天不停抱怨来浪费自己的时间，还容易受她情绪传染。对于这种没法感知别人情绪，只顾自己发泄不良情绪的同事，我该怎么和她相处？

【栩先生】回复：我之前写过一句话，所谓情商高，意味着学会了宽容他人的情商低。真正内心能量充盈的人是不怕负能量的影响的，水可以扑灭火，但如果你是太阳，倾尽整个太阳系的水也不可能浇灭。

所以这个问题本质上应该是你自己本来就不是一个意志坚定、乐观积极的人，而且极易受负面情绪的影响。

对此，我的回答很简单，有上中下三策可供选择：

（1）上策，把这样的人视为锻炼自己心境的一种挑战，每次和他们聊天交流，都给自己设置一种任务模式：我要开始挑战了，然后试试交流完，能否化解他们的负面情绪，能否不被影响？这是一种主动出击的方法，更有利于帮助自己成长为那个正能量充盈的人。

（2）中策。转移场景，避免进入一些人输出负面情绪的场景。什么样的场景最容易让人输出负能量呢？单独吃饭，深夜聊天，闲暇时的独处。你可以和他人交往，但要避免进入这样的场景，尽量将你和他人的交流场景放在工作时间，中午散步（时间短），健身跑步或其他的兴趣场合。总之，你不要被他人拉入他们最舒服的场景，而是把他人拉入你所擅长和"舒服"的场景，让他们进入你的节奏。这样的话，他们在你的场景里很难那么放松放肆地输出负能量，同时也很难影响你，另外，如果他们觉得适应不了，会主动觉得你和他们不是一路人，不用你做什么，他们也会疏远你。

（3）下策。运用剃刀法则，直接 PASS 掉，在你自己还不够强大的时候，不要给自己的人生过多的干扰。工作和生活压力那么大，凭什么你还要去为他人的负面情绪买单？你如果在拼命生活，就要对那些可能扯你后腿的人坚决说"不"，从本质上说，他们也不会成为伴你终生的朋友，多少年后，谁还会记得谁，谁还会认识谁，何必纠结？该断舍离的，一定要果断，物如此，人也一样。

写完本书时，我脑海中总是浮现出小时候的两个场景。

第一个场景：读小学时，老师教我们"凿壁偷光"的故事。

匡衡勤奋好学，但是家里穷，买不起蜡烛，晚上没法读书。因为邻居家有蜡烛，于是匡衡就在墙壁上凿了一个洞，"偷"邻居家的烛光来读书。

老师说，学习这则故事，重点是学习匡衡好学的精神。

不过，当时我根本没有抓住重点，却把注意力放到匡衡的邻居身上了。

我在琢磨，这好好的墙上凿个洞，邻居怎么会发现不了呢？而且，既然光能透过去，匡衡能看清书上的字，这洞肯定不会太小啊！

瞎琢磨了很久，我得出一个"斩钉截铁"的结论：邻居早就知道匡衡在"凿壁偷光"了。

我认为，邻居肯定是很善良的人。他明明知道墙上有洞，但一直故意没有把洞补上，还总是点蜡烛到很晚，这都是为了让匡衡能安心读书啊。这个故事不应该叫"凿壁偷光"，应该叫"凿壁送光"！对，凿壁送光！凿壁的人是匡衡，送光的人则是他的邻居。

当然，至于邻居为什么不直接给匡衡家送蜡烛，这种问题就不在我的思考范围了。我只记得，从那之后，我就非常喜欢匡衡的邻居。

其实，一直到今天，我也不知道匡衡的邻居是谁，更不知道他到底是怎样的人。

但有一天，我突然意识到，凿壁送光的故事是真的发生过的，而且，就发生在我自己身上。

第二个场景：读中学时，一天傍晚，老师喊我去谈心。

我们站在湖边，一边看着平静的水面一边聊天。

当天，我考出了一次非常好的成绩。我满以为老师会夸奖我，然后再说一下后面的学习安排，可老师一开口问的却是：你最近读了哪些课外书？

正好我那阵子的心思没在这方面，于是就说，最近没看什么课外书。

没想到，老师突然变了脸色，说这可不行，学好功课当然重要，但一定要多读课外书，这关系到你未来一辈子的成长。我愕然。

后来，老师站在那里，苦口婆心地跟我讲了一两个小时，讲她上学时如何偷偷读课外书，工作后又怎样挤时间阅读；讲文学和历史的经典可以读哪些、怎么读；讲其他还有哪些学科可以涉猎……我不时地点头，大部分时间默不作声。

当天谈的细节，我早就记不清了，但当时内心起的波澜，至今依然不时在我胸中涌起。

当时，正好湖上一阵微风吹过，昏黄温暖的路灯下，水面映出阵阵波光。我只觉得，内心原本被墙壁堵得严严实实的地方，那一刻，突然有一束光照进缝隙，一瞬间通透起来，亮堂起来。

老师是在手把手帮我凿开蒙昧之墙，送出希望之光。

我是个幸运的人。在我三十多年的人生中，发生过很多次类似的场景。我从没经历过"凿壁偷光"的窘迫，却一再感受到"凿壁送光"的温暖。

看到这里，你应该能明白我发愿写下这本书的初衷了。

我感受过光的温暖，也想传递一缕微光。

烛火的光亮当然不能和日月星辰相比，但只要能照亮一个人，照见一小段路，这一缕光就有了意义，仅此而已。

在此，我要真诚感谢为这本书花费心力的每个人。

感谢知乎图书的老师以及工作人员，谢谢你们为本书出版付出辛苦工作。

感谢诸位推荐人，能得到你们对这本书的认可和推荐，我深感荣幸。

谢谢"栩先生"团队的每位小伙伴，特别是小宇、阿璕、毛喜珍对本书的支持。小宇就像永远精确的钟表，总在我最需要时，高效地帮我查找素材，准备资料；阿璕如同一面明亮的镜子，主动结合自身观察与社群反馈，为本书内容提供有益的建议；毛喜珍则是勤奋的啄木鸟，仔细认真地"捉虫"，多次校对本书。

我要谢谢给我无数启发与指导的师长，谢谢你们无私地拨开云雾，传递光芒。

谢谢我的家人，以及我的朋友公子小白、志峰、奥尔加、姜承雪、Pucky……多少陪伴，多少帮助，难以计数。

最后，真诚地感谢我的每一位读者。高山流水，幸有知音。相视一笑，莫逆于心。

人生漫漫，你们将会继续温暖我未知的长路。